U0159950

本书由教育部人文社科基金项目
民居历史建筑的利用模式与评价研究（14YJA760034）资助出版

民居建筑的
评价体系与保护更新

EVALUATION SYSTEM & PROTECTION RENEWAL
OF RESIDENTIAL BUILDINGS

王怀宇　高祥冠　著

中国建筑工业出版社

图书在版编目（CIP）数据

民居建筑的评价体系与保护更新／王怀宇，高祥冠著.
—北京：中国建筑工业出版社，2020.9
ISBN 978-7-112-25363-0

Ⅰ.①民… Ⅱ.①王… ②高… Ⅲ.①民居–评价–研
究–中国 Ⅳ.① TU241.5

中国版本图书馆CIP数据核字（2020）第153232号

　　本书构建了民居建筑的保护和利用模式：在今后的民居建筑保护和开发利用前期，分析其社会经济区域环境，据此应用相对应的开发利用模式，总结相关设计手段，为民居建筑提供有效的开发利用模板。其目的是将研究成果运用到民居建筑保护和利用的决策指导工作中，在进行民居建筑评估时，减弱专家主观因素，进行科学评价，对民居建筑的活化更新具有重要的指导意义。本书适于民居建筑保护、城乡规划等相关领域从业者参考阅读。

责任编辑：杨　晓
版式设计：锋尚设计
责任校对：王　烨

民居建筑的评价体系与保护更新
王怀宇　高祥冠　著
*
中国建筑工业出版社出版、发行（北京海淀三里河路9号）
各地新华书店、建筑书店经销
北京锋尚制版有限公司制版
北京建筑工业印刷厂印刷
*
开本：787×1092毫米　1/16　印张：10　字数：193千字
2020年9月第一版　2020年9月第一次印刷
定价：58.00元
ISBN 978-7-112-25363-0
（36354）

　　民居建筑是具有历史信息和文化符号的建筑物，是人类历史发展重要的文化遗产。每一处民居建筑都承载着其不同地域的文化特质和内涵，这些遗存的民居建筑共同构成了中国民居建筑艺术的瑰宝。人们通过历史，明白了城市与资本是经过漫长的历程所积累形成并完善的。民居建筑是城市和文化的载体，它们延续了城市的文脉，是城市发展的历史见证，而且蕴含着丰富的传统文化和地域文化，有些还结合外来文化。因此，民居建筑的形式、色彩等方面具有丰富的历史、科学、艺术、文化、审美、情感等价值。民居建筑也受到世界各国越来越广泛的关注，联合国针对文化遗产的保护相继出台了《世界遗产资源系列手册》《世界遗产公约》等。通过对它们的关注，思考现代城市建筑中的问题，协调新建筑与历史民居建筑之间的关系，从而营造城市特有的历史风貌。新建筑不断出现新的风格，旧有民居的居住形式开始慢慢淡出城市的视野，为数不多的民居建筑也在被保护的过程中走向遗产化。对民居建筑的遗产化历程与遗产类型关系进行研究，可以更好地认识世界各国对于该领域的研究现状及已有成果，结合我国已有的举措，给人们在实践的过程中带来对民居建筑不同维度的思考与探索。在进入21世纪以来，文旅融合已成为民居建筑保护、人居环境改善、地方经济发展的有效活化途径。

　　在城市发展的过程中，民居建筑如何传承并与城市融合，成为学者专家越来越关注的话题。我国民居建筑研究从20世纪30年代开始经过了一个世纪的发展，许多海外建筑专业的学者回国，为国内建筑领域的研究付出了许多努力，取得了很多卓越的成就，包括民居建筑类型学科的建立、发展、研究成果、学术交流、研究队伍壮大、研究观念和方法的扩展、民居建筑的理论和实践等。有许多学者从历史文化内涵、美学价值、资源开发等各个角度对我国民居建筑进行研究。过去许多年间，无论从论著的数量还是研究的深度，国内的民居建筑研究水平逐步提高，有了长足的发展。通过几十年的回顾和总结，其中，陆元鼎先生的《中国民居建筑年鉴》和《中国民居研究五十年》、熊梅教授的《我国传统民居的研究进展与学科取向》，以及刘永伟等人的《近10年来国内乡村聚落研究进展综述》等论著，对民居建筑的研究进程进行了完整系统的回顾与总结，为我国现代化、有民族和地方特色的新建筑创作提供了丰富有益的资料。

然而，我国民居建筑还存在许多问题。第一，中国民居建筑的研究，偏重对民居建筑形式、空间组织和文化的研究，对民居建筑的保护策略、政府和社会对民居建筑管理机制的研究深度还不够。第二，关于民居建筑评价理论的研究，以及民居建筑的利用方法也出现了多种类型和方式。那么如何对民居建筑再利用后进行综合考量，使得该研究在新的时代背景下更好地指导民居建筑保护和活化更新？第三，由于各方行业的限制，民居建筑的权属和其适用性都发生了变化。21世纪以来，国内有关部门和相关专家学者越来越关注民居建筑的研究，也已经有比较丰富的理论基础和实践创作经验；但是，更多的是研究者和设计人员对民居建筑的感性认知，而不是数据定量和感性相结合。第四，在以文旅为导向的发展过程中，传统村落的民居建筑遭受不同程度的"保护性、建设性、旅游性"破坏。那么在这种思考下，不得不从更有决策的层面去探索基于文旅融合的民居保护与更新策略方法，得出具有一定借鉴意义的策略方法。第五，随着城市化进程的加快，传统形式的民居已经开始渐渐退出城市的发展。历史民居建筑已经远远不能满足人们的物质、文化和生活需求，人们逐渐迁出历史民居，但是历史民居无人居住，会造成缺乏修缮，房屋的结构破坏更快。然而，这些问题需要数据库的整理，来对这些破损、无人管辖的历史民居进行统计。通过数据库的建设，使这些历史民居建筑更加规范化、法制化；同时，构建行之有效的保护措施体系，才能达到最终的保护目的。

基于以上研究背景，本书有以下研究内容：

（一）从中国知网（CNKI）检索大量关于民居建筑的研究文献，通过Citespace进行分类整理和分析，总结相关研究的变化过程和进展，对民居建筑的保护更新和管理机制进行整理和分析，从而对民居建筑研究进行展望。

（二）文旅融合以民居建筑化历程为出发点，梳理国内外文化遗产文件的发展，探讨其他建筑遗产类型和民居建筑的关系及其未来发展方向。

（三）针对民居建筑评价体系研究，完善关于民居建筑的评价指标和评价标准。详细论述在民居建筑的更新改造后，如何利用绩效评价的评价指标和评价标准，对民居建筑再利用以后的价值意义进行客观的判断，为民居建筑的改造提供更多决策依据。

（四）基于对民居建筑综合评价数值的研究整理，对山西民居建筑的价值和基础数据进行统计分析，归纳整理了10个山西民居建筑基础数据：平遥云锦成、王家大院崇宁堡、太原王公馆、太谷曹家大院、临县碛口古镇、灵石静升镇、代县阳明堡镇、襄汾丁村民宅、沁水柳氏民居和榆次常家庄园。收集各个历史时期影像资料、航片、地形测绘数据、价值评价指标数据和单体建筑三维模型，对其通过整理分类进行分析，建设山西民居建筑数据库平台。

（五）通过在民居建筑保护与更新的问题和经验启示上的研究，得出在文旅融合背景下的民居建筑保护与更新的原则、因素和策略。总结出在进行历史民居建筑更新时，为了防止出现类似现象应该注重的几个方面，如功能、材料、装饰和文化的更新，并分析了更新改造值得借鉴的民居案例，如平遥云锦成、王家大院崇宁堡和王公馆，对民居建筑的活化更新具有重要的指导意义。

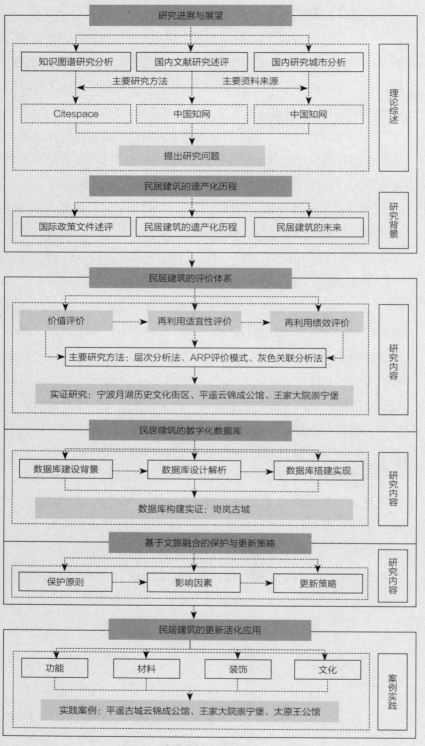

研究进展与展望

| 知识图谱研究分析 | 国内文献研究述评 | 国内研究城市分析 |

主要研究方法　　　主要资料来源

| Citespace | 中国知网 | 中国知网 |

理论综述

提出研究问题

民居建筑的遗产化历程

| 国际政策文件述评 | 民居建筑的遗产化历程 | 民居建筑的未来 |

研究背景

民居建筑的评价体系

| 价值评价 | 再利用适宜性评价 | 再利用绩效评价 |

主要研究方法：层次分析法、ARP评价模式、灰色关联分析法

实证研究：宁波月湖历史文化街区、平遥云锦成公馆、王家大院崇宁堡

研究内容

民居建筑的数字化数据库

| 数据库建设背景 | 数据库设计解析 | 数据库搭建实现 |

数据库构建实证：岢岚古城

研究内容

基于文旅融合的保护与更新策略

| 保护原则 | 影响因素 | 更新策略 |

研究内容

民居建筑的更新活化应用

| 功能 | 材料 | 装饰 | 文化 |

实践案例：平遥古城云锦成公馆、王家大院崇宁堡、太原王公馆

案例实践

本研究技术路线图

目录

前言

第五章　基于文旅融合的民居建筑保护与更新策略

第六章——民居建筑更新活化应用

第一章

我国民居建筑的研究进展

本章从中国知网（CNKI）检索关于民居建筑的研究文献（2009～2018年），通过Citespace对民居建筑相关文献的分类整理和分析，先总结了其相关研究的变化过程和进展，然后对民居建筑的保护更新、管理机制进行整理和分析，从而对民居建筑研究进行展望（图1-1）。

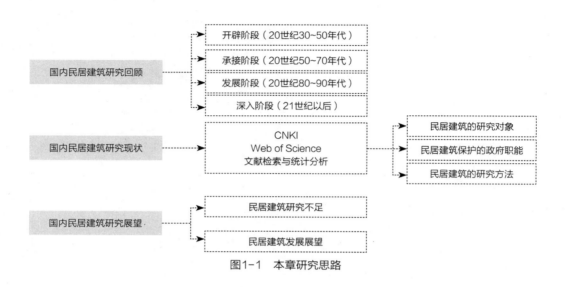

图1-1　本章研究思路

一、民居建筑研究的进展

我国民居建筑的研究从20世纪30年代开始，经过了一个世纪的发展。20世纪30年代，第一批海外留学生中许多建筑专业的学者回国，他们通过在国外学到的知识为国内建筑领域的研究付出了许多努力，取得了很多卓越的成就。通过几十年的回顾和总结，其中，陆元鼎先生的《中国民居建筑年鉴》《中国民居研究五十年》和熊梅教授的《我国传统民居的研究进展与学科取向》，以及刘永伟等人的《近10年来国内乡村聚落研究进展综述》等论著，对民居建筑的研究进程进行了完整系统的回顾与总结，为我国今后民居建筑的研究提供方向和经验总结（表1-1）。

（一）开辟阶段（20世纪30～50年代）

20世纪30年代是民居建筑的开辟阶段，这一时期第一批海外留学生回国，西方先进的知识大量传入中国，对中国的建筑领域产生了重大影响。在这批留学生中的建筑领域学者，回国后为国内的建筑领域研究贡献了力量。其中，在梁思成先生的倡导下，中国营造学社①在古代宫殿、坛庙、陵墓、园林等大型古典建筑的研究中取得了巨大的成绩。龙庆忠教授结合当时的考古发掘资料,对湖南、陕西、山西等省的窑洞进行了考察调查,发表了首篇系统探讨民间居住形式的论文《穴居杂考》,引发了我国对民间传统建筑的研究。1930年,刘敦桢教授在调查古建筑的过程中,记叙了各地民居建筑的概况,将长期被忽视的民居建筑放到了与古典建筑同样重要的位置上,拓展了中国建筑史的研究领域。在这一时期,著名学者刘致平教授专题专篇研究了民居建筑中的典范,调查了云南省古民宅,写出了《云南一颗印》②论文,这是我国第一篇研究老百姓民居的学术论文。随后,刘致平教授在调查了四川各地古建筑后,写出《四川住宅建筑》③学术论著,逐渐推开了我国民居建筑的大门。

(二)承接阶段(20世纪50～70年代)

20世纪50～70年代,对民居建筑的研究进入过渡阶段。在这一时期解放战争刚刚结束,中华人民共和国刚成立,社会的各个方面都需要恢复与重建,物质资源较匮乏。在这样的环境下,诞生了许多研究成果。同时,还有许多著名学者开始创办建筑研究院,如1953年刘敦桢教授在过去研究古建筑和古民居的基础上,创办了中国建筑研究室,并且写了《中国住宅概说》一书,这是早期比较全面的一本从平面功能分类来论述中国各地传统民居的著作。许多学校开始建立建筑院系、建筑专业,社会上开始成立设计院、科研和文物部门等相关单位,对全国各地历史民居的调查进入了热潮,关于民居建筑的相关资料更加全面。20世纪60年代,王其明教授代表中国建筑科学院在北京召开的国际技术交流会上宣读了《浙江民居调查》,全面系统地归纳了浙江地区具有代表性的平原、水乡和山区民居的类型、特征和在材料、构造、空间、外形等方面的处理手法和经验,可以说是一份比较典型的调查著作,使国内外对我国民居建筑研究的兴趣更加广泛。我国民居建筑在研究过程中遇到了种种困难,所以它的发展经过了漫长的过程,为我国未来民居建筑的研究提供了科学的依据和基础。

---

① 中国营造学社是中国私人兴办的研究中国传统营造学的学术团体。学社于1930年2月在北平正式创立,朱启钤任社长,梁思成、刘敦桢分别担任法式、文献组的主任。学社从事古代建筑实例的调查、研究和测绘,以及文献资料搜集、整理和研究,编辑出版《中国营造学社汇刊》,1946年停止活动。中国营造学社为中国古代建筑史研究作出重大贡献。

② 《云南一颗印》,刘致平,载《中国营造学社刊》第七卷第一期第63-94页,1944。

③ 《四川住宅建筑》,刘致平,载《中国居住建筑简史——城市、住宅、园林》,刘致平著,王其明增补,第248-366页,中国建筑工业出版社,1990。

本阶段存在的问题是，当时研究的指导思想只是单纯地将现存的民居建筑进行测绘调查，在技术、手法上加以归纳分析。因此，比较注重平面布置、类型、结构和材料做法以及内外空间、形态和构成，而很少从传统民居所产生的历史背景、文化因素、气候地理等自然条件以及使用人的生活、习俗、信仰等对建筑的影响角度进行研究，这是单纯建筑学范畴调查观念的反映。

（三）发展阶段（20世纪80～90年代）

20世纪80～90年代，中国文物学会传统建筑园林委员会、传统民居学术委员会、中国建筑学会建筑史学分会和民居专业学术委员会相继成立。我国民居建筑的研究进入了全面发展的阶段，开始走上有计划和有组织地进行研究的时期。

在这一时期，研究方面加强了交流，扩大了研究成果。并团结了国内包括香港、澳门、台湾学者，以及美国、日本、澳大利亚等众多对中国民居建筑有研究和爱好的国际友人。二十年来，学术委员会已主持和联合主持召开了共15届全国性的中国民居学术会议、6届海峡两岸传统民居理论（青年）学术会议，以及2次中国民居国际学术研讨会和5次民居专题学术研讨会。在各次学术会议后，大多出版了专辑或会议论文集，有《中国传统民居与文化》7辑、《民居史论与文化》1辑、《中国客家民居与文化》1辑和《中国传统民居营造与技术》1辑等。中国建筑工业出版社为弘扬中国优秀建筑文化遗产，有计划地组织了全国民居专家编写了《中国民居建筑丛书》，已出版了18分册。同时，各地方出版社也相继出版了民居建筑丛书，综合性研究专著开始问世。如1990年刘致平的《中国居住建筑简史》、1994年龙炳颐的《中国传统民居建筑》等。在1988年，民居研究的民间学术团体成立了中国民居学术委员会。之后，保护方面的研究开始兴起，同济大学阮仪三教授促成平遥、周庄、丽江等多地古城古镇的保护，因而享有"古城保护神"的美誉。清华大学陈志华教授和台湾汉声出版社合作，出版了用传统线装装帧的《村镇与乡土建筑》丛书，昆明理工大学出版了较多关于少数民族民居研究的论著。各建筑高校也都结合本地区进行民居调查测绘，编制出版了不少民居著作和图集，如华南理工大学出版了《中国民居建筑（共三卷）》等书籍。各地出版社也都相继出版了众多的民居书籍，有科普型、画册型、照片集或钢笔画民居集等，既有理论著作，也有不少实例图照的介绍。截至1995年底，全国高校以民居、聚落为题材的硕博论文大约50篇以上，关于民居和村镇建筑的论文大约有400篇，涉及建筑、村镇、营造、历史、文化等多方面，为我国后期民居建筑研究的开展提供了宝贵的理论参考。

（四）深入阶段（21世纪以后）

在进入21世纪，中国民居建筑的研究进入深入阶段。这一时期关于民居建筑综合性研究著作越来越系统和广泛。到2001年底止，经统计，已正式出版和发表的有关民居和村镇建筑的文献有：著作217册，论文912篇。这些数字还没有把中国台湾、香港和国外出版的中国民居论著全包括在内。同时，也可能有所遗漏。据初步统计，2002～2007年9月已出版的有关民居的著作约有448册，论文达1305篇。这些书籍和报刊杂志，为我国民居建筑文化的传播、交流起到了较好的媒介和宣传作用。

民居研究已经从单学科研究进入多方位、多学科的综合研究，已经由单纯的建筑学范畴研究，扩大到与社会学、历史学、文化地理学、人类学、考古学、民族学、民俗学、语言学、气候学、美学等多学科结合进行综合研究。这样，使民居研究更符合历史，更能反映出民居研究的特征和规律，更能与社会、文化、哲理思想相结合，从而更好地表达出民居建筑的社会、历史、人文面貌及其艺术、技术特色。其研究从原来较为单纯的民居实例研究演变为结合民居历史发展与类型特征的全面阐述与分析，逐渐步入理论探索阶段。中国建筑工业出版社与民居专业学术委员会合作出版了《中国民居建筑丛书》，随后具有国际视野的民居研究与民居比较研究兴起，团结国内包括香港、澳门、台湾学者，以及美国、日本、澳大利亚等众多对中国民居建筑有研究和爱好的国际友人，如2008年施维琳的《中国与东南亚民居建筑文化比较研究》、2007年施维琳和丘正瑜的《中西民居建筑文化比较》等。此外，这一历史时期的中国民居研究开始提上日程，如2000年洪铁城的《东阳明清住宅》、2008年谭刚毅的《两宋时期的中国民居与居住形态》、2012年唐晓军的《甘肃古代民居建筑与居住文化研究》。全国各界学者专家纷纷为我国民居建筑的保护献计献策，并且民居研究队伍不断扩大。在2011年联合国教科文组织与平遥县人民政府合作，制定了针对管理部门和专业团队的《平遥古城传统民居保护修缮及环境治理管理导则》（以下简称《管理导则》）和针对民居的《平遥古城传统民居保护修缮及环境治理实用导则》（以下简称《实用导则》）。并且广泛开展民居建筑实践活动，在农村，要为我国社会主义新农村建设服务；在城镇，要为创造我国现代的、有民族特色和地方特色的新建筑服务。

几十年来，民居学术研究取得了初步的成果。由于它是一个新兴的学科，起步较晚；同时，由于它与我国农业经济发展、农村建设，以及改善、提高农民生活水平息息相关，而且，它又与我国现代化的、有民族特征和地方特色的新建筑创作有关。因而，这是一项重要的研究任务和课题。民居建筑是蕴藏在民间的、土生土长的、富有历史文化价值和民族地方特征价值的建筑，真正要创造我国有民族文化特征和地方文化风貌的新建筑，优秀的历史民居和地方性建筑就是十分宝贵的借鉴资源和财富。我们的任务是坚持不懈、不断努力地开展学术研究和交流，为弘扬、促进和宣传我国丰富的历史文化，以及繁荣建筑创作贡献我们的力量（表1-1）。

民居建筑研究进展表　　　　　　表1-1

时段	代表成果	意义
开辟阶段（20世纪30年代）	梁思成1930年创办营造学社	在大型古典建筑中取得了巨大的成绩
	龙庆忠《穴居杂考》	引发了我国对历史民居建筑的研究
	刘敦桢记述了各个地方的民居概况，将长期被忽视的民居建筑重视起来	拓展了我国民居建筑的研究领域
	刘致平《四川住宅建筑》《云南一颗印》	我国关于民居建筑的研究被更加关注
承接阶段（20世纪50~70年代）	刘敦桢《中国住宅概况》	早期比较全面地从平面功能分类来论述中国各地传统民居的著作
	王其明《浙江民居调查》	国内外对我国民居建筑的研究兴趣更加广泛
发展阶段（20世纪80~90年代）	《中国传统民居与文化》7辑、《民居史论与文化》1辑、《中国客家民居与文化》1辑、《中国传统民居营造与技术》1辑	综合性研究专著开始问世
	中国建筑工业出版社出版了《中国民居建筑丛书》	
	刘致平《中国居住建筑简史》	
	龙炳颐《中国传统民居建筑》	
	清华大学陈志华教授等和台湾汉声出版社合作，出版了用传统线装装帧的《村镇与乡土建筑》丛书	
	华南理工大学出版了《中国民居建筑（三卷本）》	
深入阶段（21世纪）	施维琳《中国与东南亚民居建筑文化比较研究》《中西民居建筑文化比较》	具有国际视野的民居研究与民居比较研究兴起
	洪铁城《东阳明清住宅》	全国各界学者专家纷纷为我国民居建筑的保护共同探讨，献计献策
	谭刚毅《两宋时期的中国民居与居住形态》	
	唐晓军《甘肃古代民居建筑与居住文化研究》	
	联合国教科文组织与平遥县人民政府制定了《管理导则》《实用导则》	

二、民居建筑研究文献统计分析比较

民居建筑经过几十年发展，研究成果逐渐成熟。笔者在中国学术期刊网络出版总库（CNKI）上，以"民居建筑""历史民居""传统民居""民居聚落"等关键词进行检索，文献年限为2009~2018年，检索近十年的硕博论文和期刊文献，共计590篇，利用文献引文网络分析软件Citespace所绘制的科学知识图谱。Citespace是一款挖掘潜在知识、实现数据和信息可视化的分析软件，通过这类方法得到的可视化图形为"科学知识图谱"，试图对未来民居建筑的研究进行展望。

（一）研究文献的年际变化和研究机构

国内CNKI2009~2018年发表的关于民居建筑的相关硕博、期刊文献数量呈起伏上升趋势（图1-2），其中，2015~2017年论文数量呈上升趋势，但在2018年进入瓶颈期，有所下降。

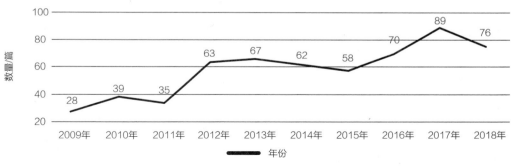

图1-2　2009~2018年CNKI硕博论文和期刊文献数量的年代分布

从文献的来源机构来看（表1-2），主要以建筑老八校中的西安建筑科技大学为文献的主要来源机构。西安建筑科技大学的优势学科为建筑学和城市规划专业，一定程度上说明国内关于民居建筑研究的主要学科是建筑学和城市规划专业。发表文献篇数排在其后面的学校还有华南理工大学、重庆大学、华中科技大学、昆明理工大学等。

文献来源机构统计表（5篇以上）　　　　　　　　　　　表1-2

来源机构	篇数	占比	来源机构	篇数	占比
西安建筑科技大学	59	10.00%	青岛理工大学	8	1.35%
华南理工大学	27	4.57%	福州大学	7	1.18%
重庆大学	21	3.55%	广西大学	7	1.18%
华中科技大学	19	3.22%	武汉理工大学	7	1.18%
昆明理工大学	16	2.71%	东北师范大学	7	1.18%
太原理工大学	16	2.71%	陕西师范大学	6	1.01%
河北工程大学	12	2.03%	湖北工业大学	6	1.01%
郑州大学	11	1.86%	沈阳建筑大学	6	1.01%
长安大学	9	1.52%	苏州大学	6	1.01%
南京工业大学	9	1.52%	湖南师范大学	5	0.84%
新疆师范大学	9	1.52%	山西大学	5	0.84%
西南交通大学	8	1.35%	吉林建筑大学	5	0.84%
北京工业大学	8	1.35%	浙江工业大学	5	0.84%
湖南大学	8	1.35%	东南大学	5	0.84%
华侨大学	8	1.35%	江南大学	5	0.84%
北京建筑大学	8	1.35%	新疆大学	5	0.84%

（二）研究城市分析

通过检索2009～2018年发表的关于民居建筑的文献，有175篇涉及实践案例，占检索文献的30.7%。表1-3列出民居建筑案例研究的城市分布，其中山西、云南、浙江、陕西等地的民居建筑研究文献较多，这主要是由于这些地区有深厚的文化内涵。另一部分案例位于陕西、四川、江苏等地，这些地区同样也拥有着丰富的文化内涵。从民居建筑研究成果的地区来看，中部地区多于沿海地区，并且多集中在民居建筑现存比较多的地区，所以民居建筑现存少的地区的研究很少有学者关注。从研究案例来看，学者们对山西的民居建筑研究最多。

民居建筑研究期刊文献中案例城市的分布 表1-3

案例城市	山西	云南	浙江	陕西	四川	江苏	新疆	甘肃	安徽	湖北
数量	16	15	14	12	11	10	9	9	9	9
占比（%）	9.14	8.57	8.00	6.85	6.28	5.71	5.14	5.14	5.14	5.14
案例城市	福建	河北	广东	湖南	广西	西藏	江西	河南	东北	贵州
数量	7	7	7	6	6	6	5	4	4	3
占比（%）	4.00	4.00	4.00	3.42	3.42	3.42	2.85	2.28	2.28	1.71
案例城市	山东	北京	海南	内蒙古	合计					
数量	3	1	1	1	175					
占比（%）	1.71	0.57	0.57	0.57	100					

（三）研究的主题和热点

2009～2018年民居建筑研究的关键词时区视图（图1-3）揭示了国内民居建筑研究主题的变迁。首先，2009～2010年相关文献的高频词汇主要有：古民居、保护、传统民居和历史街区等。可见，早期关于民居建筑的研究主要集中在民居建筑的类型和保护等层面的分析与探讨。其次，2011～2015年的高频词汇拓展到古村落、保护与发展、传统村落、历史建筑、地域特色、保护更新和利用等。这表明民居建筑的研究逐渐深入，保护更新意识不断加强。最后，2016～2018年的相关研究热度持续增加，研究焦点集中在保护、更新、政策管理、利用和价值评价上。

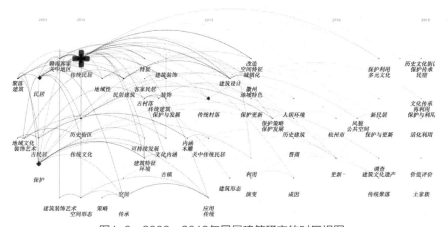

图1-3 2009～2018年民居建筑研究的时区视图

（四）民居建筑的知识图谱研究评述

　　民居建筑研究的关键词知识图谱（图1-4），出现"传统民居""保护""民居""传统村落"四大主要聚类簇，还有"历史街区""保护政策""传统聚落""历史建筑""民居建筑"等小聚类簇。

　　关键词突现是指在短期内研究成果产出发生较大变化的关键词，从强度上看，突变强度最强的是民居，突变强度最弱的是民居建筑，影响时间最长的是民居。传统村落和历史街区是持续到目前为止仍有较大产出的研究对象（图1-5），由关键词知识图谱和突现图谱得出，民居建筑的研究对象有传统村落、历史街区和近现代历史民居（图1-6）。

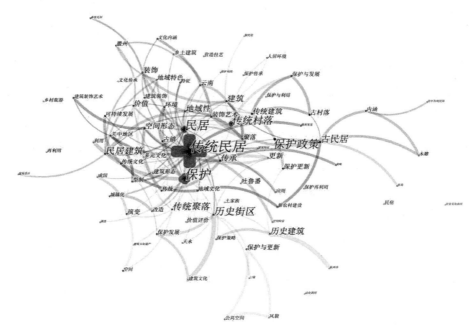

图1-4　2009~2018年民居建筑研究关键词的知识图谱

Keywords	Year	Strength	Begin	End	2009~2018
民居	2009	5.466	2009	2012	
地域文化	2009	2.8179	2009	2010	
民居建筑	2009	2.6686	2014	2015	
传统村落	2009	3.5735	2016	2018	
历史街区	2009	2.7918	2016	2018	

图1-5　2009~2018年民居建筑关键词突现图谱（按照发起始时间排序）

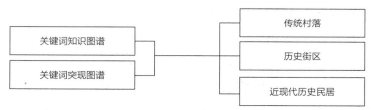

图1-6　知识图谱研究结构图

三、民居建筑的研究对象

民居建筑是在几代祖辈的劳动下，经过世代使用者认可而形成的。它比其他任何建筑形式更加密切地关系到大多数人的生活。正如《华盛顿宪章》里提及的"保存着历史风貌的地区，很多都是传统居住区""它们不仅可以作为历史的见证，而且体现了城镇传统文化的价值"。由此可以看出，民居建筑的保护与更新受到社会各界专家和学者的关注，越来越多的专家和学者开始对民居建筑的保护更新策略进行研究和探讨。民居建筑的保护是庞大而复杂的工程，其涵盖的领域很广，时间周期长，技术难度高。同时，还要考虑民居建筑在经济、社会和环境方面的影响，这样才能使之形成一个整体性的良性发展。在国内，根据民居建筑所处地段社会要求的不同，对民居建筑的保护要根据不同的要求，实施不同的保护措施。

（一）民居建筑与传统村落的保护更新

通过前面关于民居建筑研究关键词知识图谱得出，传统村落的相关关键词有古村落、古镇和传统聚落等。其中，传统村落是民居建筑中的重要组成部分，因此民居建筑的研究与传统村落息息相关。2016年12月，中华人民共和国住房和城乡建设部官网公布了四批中国传统村落名单，共计4153个。2019年6月，中华人民共和国住房和城乡建设部官网公布了五批中国传统村落名单，共计6819个。由此得出，相隔三年我国的古村落数量大幅度增加，我国民居建筑与传统村落研究范围更加广泛。在全国上下的保护乡村热潮中，传统村落保护成为城乡规划的热点。

我国民居建筑与传统村落研究成果丰富，出现了一些值得我们学习和借鉴的研究成果。何依等人对宁波市走马塘村（图1-7）进行研究，得出通过识别不同历史时期的院落单元，应进行不同级别的保护与修缮。以地方民族院落为单元，保护历史空间的完整性和真实性，统筹传统村落保护修缮实施工作，修缮方式分为保护完善型、织补修缮型和重构更新型三类，建构传统村落的发展机制。何依等人提出以家族空间为基础的历史单元概念，为传统村落的保护提供了案例。吕轶楠等人以豫南大别山区毛铺村为例（图1-8），通过实地调查及文献查阅的方式，从空间格局和民居建筑等方面展开研究，解释了传统村落空间格局及民居建筑的营造智慧。孙亮等人以宁波市为例，根据殷湾村依山傍水的有机发展形态，提出地缘环境特色的"整体式"精准保护；根据走马塘村"社会—空间"的耦合关系，提出宗族结构特色的"院落式"精准保护；根据栖霞坑村于古道中的线性空间序列，提出外部职能特色的"线路式"精准保护。并且，精准保护不存在一概而论的通用方法，必须深入分析名村的演化逻辑及空间特色，真正做到因地制宜的规划设计。张凝忆对传统村落中非历史保护民居进行了改造探索，将其改造为浙江平田农耕博物馆和手工作坊，成为平田村的文化交流中心，带动了村里的民宿经济。魏茂通过对四川泸州地区传统村落民居的村落选址、建筑布局、民居平面、内外空间、建筑装饰、节点空间等方面的资料收集与详细分析，总结提炼出四川泸州地区传统村落民居的风貌特征，以此指导最终的新民居传统风貌营造设计。长沙市望城县靖港古镇（图1-9）的保护更新以"人文保护，再现繁华"为主线，恢复了传统老街的空间形态、建筑风貌、传统生活方式、社会习俗等非物质文化遗产，并继续传承古镇传统文化。为了保证古镇的"灵魂"，没有进行开发，而是保护和复兴。还有闻名遐迩的安徽宏村（图1-10），它被联合国科教文组织专家评估为中国古村落的典型，而宏村的保护与发展形式，则是中国古村落发展值得借鉴的经典案例。宏村的保护并没有追逐短期利益，而是保持了古建筑的原貌，有效地贯彻了尊重历史的原则，旅游的开发推动了当地的经济发展。保护古村落就要保护历史居民的生活方式，尊重与延续历史民居建筑风貌，保护村民的传统技艺，到村民中去询问他们真正需要什么，使古村落保持活态化的延续。

图1-7　宁波市走马塘村

图1-8　豫南大别山区毛铺村

图1-9　长沙市望城县的靖港古镇

图1-10　安徽宏村

2017年12月10日，中南大学发布的蓝皮书中指出，在当前的现代化、城镇化的进程中，中国传统村落的保护出现了许多问题。为了发现这些问题，中南大学的中国村落文化研究中心组成多个考察小组，对中国江河流域的传统村落进行大规模的考察。调研得出的数据证明传统村落数量较少，传统村落损坏日益严重，非物质文化遗产难以传承，传统村落历史民居环境破坏、污染严重。因此，古村落的保护与传承比开发更重要，要保留古村落的原真性，保留古村落原汁原味的生活方式。古村落保护的核心任务是通过对民居建筑的保护，达到对古村落的保护。

（二）民居建筑与历史街区的保护更新

城市遗产包括具有社会、文化、经济价值的历史建筑、历史街区和历史文化名城，也包括未得到认定却也能体现城市风貌特色的传统建筑、旧住区和产业区，可以说城市遗产是一座城市的历史，是一座城市的灵魂，更是一座城市的根脉。近年来，国家越来越重视文化遗产保护，城市建设也由外延式发展逐步转向内涵式提升。历史文化街区作为城市悠久历史与文化的重要物质载体，其保护与发展越来越受到国家、地方政府和民众的关注。

历史街区保护制度建立以来，我国的历史街区保护工作取得了可喜的成绩。许多历史街区的保护和整治取得了良好的效果，如上海石库门住宅（图1-11），是一种融汇西方文化和中国传统民居特点的新型建筑，它的起源与发展见证了上海城市近代化转变的进程，也是中国建筑近代化转变的缩影。宁波月湖西区历史文化街区（图1-12）人文资源丰富，文化底蕴深厚。月湖西区是首个将金融、文化和旅游"三位一体"融合发展的新金融街区，成为旅游业转型升级的样本和历史文化街区保护与开发利用的典范，与之相关的案例还有很多。近几年，该领域的许多专家学者对历史街区的保护提出了新的声音。慕云舒对榆林四合院（图1-13）这一类型建筑的保护进行了理论总结，结合世界各国传统建筑的保护观念发展历史、相关国际宪章和国内法律法规有关条文的具体分析，提出了相应的价值评估和分级措施，为今后保护与利用提供技术参考。陈思等人提出从史实性角度出发，以整体性保护方式探讨城市历史街区的保护，以真实性的保护方式探讨历史遗迹的存续与建筑遗产的修复，从而发掘其深刻的价值与启示意义。陈帆等人从使用人群需求角度提出街区保护和发展策略。高琪提出在做历史街区规划时，需要在精神文化上传承街道历史性，多与原住民沟通，调动居民积极性，形成公众参与的良性互动，挖掘地域文化，在功能上增加其文化性，改变千街一面的局面。胡长涓、宫聪提出在空间实践策略中，探究完整街区理念与历史街区在结构、网络、生态活力等方面整合与发展的方法，以达到"生态历史街区"的目标。宋阳、贾艳飞探究汉口历史街区肌理原型的类型与意义，认识大量密集成片的非文物保护单位的历史建筑的价值和意义，期望在历史街区的保护性修复中重

图1-11　上海石库门住宅

图1-12　宁波月湖西区

图1-13　榆林四合院

视历史肌理的保护与修复，避免大拆大建。李锦生提出政府补贴引导传统民居修缮制度的建立，这个模式可以改善居民居住条件，优化人居环境，强化历史格局和传统风貌，传承古建筑营造技术。类似的期刊论文研究还有很多。清华大学建筑学院教授吕舟认为"保护最核心的问题是达成共识"。华中科技大学建筑与城市规划学院教授何依认为"整体性与原真性是建筑遗产价值的两个核心概念"，保护价值应该重新认识，探索出让历史街区与现代街区融合和谐、保护与发展共同推进的方法，使历史文脉在城市中延续下去。同济大学建筑与城市规划学院教授邵甬认为"世界遗产城市面临新的问题和目标：

保护世界遗产的真实性和完整性，改善居民生活环境和保护居民的利益"。华中科技大学建筑与城市规划学院教授何依提出"历史街区'熟人社会'的保护理念"。保护历史街区就要保护活态的历史见证物，保留这里的生活场所和生活方式，在此基础上更新，引入新型业态，实现可持续发展。

　　1982年国务院公布了第一批国家历史文化名城，要求"特别对集中反映历史文化的老城区……更要采取有效措施，严加保护……要在这些历史遗迹周围划出一定的保护地带，对这个范围内的新建、扩建、改建工程应采取必要的限制措施。"①这个时候，开始重视民居建筑以外周边环境的保护问题，渐渐地历史街区的概念逐渐形成。保护历史街区制度的确定使我国历史文化遗产的保护上了一个新台阶，标志着我国历史文化遗产的保护向着逐步完善与成熟阶段迈进。截至2019年6月，国务院公布了国家历史文化名城134座，历史文化街区875处，其中具有历史性价值的建筑2.47万处。保护这些历史街区，不仅要维持其原汁原味，更要将其融入现代生活中，使城市的文化脉络一代一代传承下去。

（三）近现代民居建筑的保护更新

　　我国近现代民居出现了许多受外来建筑风格影响而形成的民居建筑，具有重要的近现代文化遗产研究价值。

　　晚清时期，晋商发展迅速，在柳林明清街（图1-14），由于明清时期的商队络绎不绝，使这里在当时繁荣兴盛。随之出现了一大批实业救国的商人在这里聚集，由此在明清街出现了"前店后院"的典型院落建筑群。还有明清时期晋东南地区古村镇，由于泽潞商帮、商道交错和集体防御而形成古村镇历史民居建筑群。民国时期，孙中山于1917年至1920年期间著写了《建国方略》，提出了全面快速进行经济建设的宏伟纲领和发展中国经济的远景规划。其中，包括建设铁路十多万公里，建设华北、华中和华南三大世界级港口等项目提议。在我国近现代时期，有些国外修建的铁路，例如中东铁路、胶济铁路、正太铁路和滇越铁路等，这些铁路在其周边形成了中西合璧的民居建筑群（图1-15）。中华人民共和国成立以后，由于大力发展工业，与苏联建交时中国的好多建筑都是学习模仿苏联建筑，因此出现了一大批苏式工人住宅楼，如太原重机苏联专家楼始建于1952年（图1-16），是目前太原市建筑质量保留最完好的苏式住宅区。中苏专

---

① 内容见于1981年12月国家基本建设委员会、国家文物事业管理局、国家城市建设总局《关于我国历史文化名城的请示》，1982年2月，国务院以《批转国家基本建设委员会等部门关于保护我国历史文化名城的请示的通知》形成作了批示。

图1-14　柳林明清街

图1-15　中东铁路建筑群

图1-16　太原重机苏联专家楼

图1-17　上海工人新村

图1-18　上海里弄民居

家共同策划规划了上海工人新村（图1-17），还有上海里弄民居建筑（图1-18），是具有上海地方特色的江南民居。它的出现和发展已有百余年历史，具有自己独特的风格，它将传统江浙民居与欧洲毗邻式住宅特点融合在一起，是上海近代民居建筑的主要类型之一，为城市的发展起到重要作用。

由此可见，近现代民居建筑一部分是融合西方的建筑风格，另一部分是为了工业发展而为工人阶级建造的工人宿舍建筑群。在保护工作中，要保护其建筑的原真性、整体性，保留其历史民居的生活方式和活态化。

四、关于民居建筑保护的管理

20世纪80年代，我国开始实行历史街区保护制度，民居建筑作为城市中的特殊地段，集中体现了城市的传统格局和历史风貌，具有历史性、复杂性和多样性的基本特点。1982年，我国正式设立历史文化名城制度，想要通过制度来保护古代城市民居的完整性。2000年后是中国社会经济的转折点，城市居民生活从"衣食住行"转向"住行消费"。2009年，编制了《"晋商"历史文化城镇群发展规划》。2011年，住房和城乡建设部和国家文物局联合开展了全国范围内的历史文化名城调查，暴露出我国历史名城中古民居保护在经济发展建设中存在的诸多问题。2012年，浙江省第十一届人民代表大会常务委员会第三十五次会议通过《浙江省历史文化名城名镇名村保护条例》。同年，长春市人大常委会颁布了《长春市历史文化街区和历史建筑保护条例》。2016年，咸宁市第四届人民代表大会常务委员会第三十六次会议通过《咸宁市古民居保护条例》。同年，江西省第十二届人民代表大会常务委员会第二十八次会议通过《江西省传统村落保护条例》。2018年，江苏省第十二届人大常委会第三十三次会议通过《苏州国家历史文化名城保护条例》。2019年，云南省第十三届人民代表大会第九次会议通过《曲靖市会泽历史文化名城保护条例》。由此看来，国家政府越来越重视民居建筑的保护。2020年5月11日，习近平在山西考察时强调"历史文化遗产是不可再生、不可替代的宝贵资源，要始终把保护放在第一位。发展旅游要以保护为前提，不能过度商业化，让旅游成为人们感悟中华文化、增强文化自信的过程"。

何依、邓巍论述了历史街区民居保护应从管理走向治理，我国民居建筑在保护与更新过程中所呈现出的问题，反映了其双重经济属性的矛盾：作为城市的文化遗产，政府理所应当地要进行规划干预；作为生产要素，在市场经济的环境下，城市政府不可能回到凯恩斯主义时代的全能政府[①]，既充当组织者和管理者，又是策划者和实施者。因此，只有从社会治理的理念出发，确定政府在历史街区民居保护与更新中的协同职能和服务职能，通过构建一种新的公共责任机制，发挥社会各界的力量维持街区传统生活秩序。运用街区社会力量维持街区传统生活秩序，进行街区社会和经济调节，保障街区公共物品供给，才能在历史风貌"原真性"的基础上，确保传统生活的"延续性"。并且，作为一个可持续的生活单元，积极参与到现代城市的发展过程中去。

政府的协同职能可以保障民居建筑公共物品的供给与更新；政府的服务职能可以提供历史街区长期发展的政策与条件。英国建筑师史蒂文·蒂耶斯德尔在《Revitalizing Historic Urban Quarters》中提到，"振兴城市衰败地区的使命由政府机构、大地主、居民、商家和各种地方团队共同承担"。蒙哥马利说过："很多城市街区需要更多的尊重、帮助和新财源、新活力的注入，而不是综合、理性的规划。我们称之为城市服务的职责，即帮助一个地方自立。这是一种通过实施渐进的变化、有选择的策略干预和环境改善而开展的管理模式。"

由此看出，我们对历史街区的保护应该实施有效的管理，要求相关的管理者保证在街区中的每个行动都使这里比以前的状况有所进步，使历史街区成为一个人们愿意使用和投资的地方。

五、关于民居建筑的研究方法

民居建筑研究已经从单学科研究进入多方位、多学科的综合研究，已经由单纯的建筑学范畴研究，扩大到与社会学、历史学、文化地理学、人类学、考古学、民族学、民俗学、语言学、气候学、美学等多学科结合进行综合研究。这使民居建筑研究更符合历史，更能反映出民居建筑研究的特征和规律，更能与社会、文化、哲理思想相结合，从而更好地表达出民居建筑的社会、历史、人文面貌及其艺术、技术特色。研究民居建筑已不再局限在一村一镇或一个群体、一个聚落，而要扩大到一个地区、一个地域，即我们称之为一个民系的范畴中去研究。民系的区分最主要的是由不同的方言、生活方式和心理素质所形成的特征来反映的。民居建筑与民族学结合的研究，不仅在宏观上可认识它的历史演变，同时也可以了解不同区域民居建筑的特征及其异同，了解全国民居建筑的演变、分布、发展及其迁移、定居、相互影响的规律，了解历史民居建筑的形成、营造及其经验、手法，并可为创造有民族特色和地方特色的新建筑提供有力的理论支撑。

如今，新兴的民居建筑研究方法被越来越多的学者专家使用在自己的研究中，如SWOT分析法、SPSS软件、GIS等。在徐薇薇的《基于SWOT分析的历史文化街区保护更新措施——以宁波伏跗室永寿街历史文化街区为例》中，通过SWOT分析法，总结和比较了宁波伏跗室永寿街历史文化街区的优劣势，得出了其保护更新方向应采取"小规模、渐进式、微循环"的方式逐步实施，还要适当调整建筑功能，完善基础措施，从而达到尊重历史文脉及民俗文化，保持原有的建筑格局和城市肌理的目的。在林诗羽、陈祖建的《基于GIS的历史风貌区建筑价值评价研究——以福州烟台山为例》中，基于GIS和层次分析法集成的思路进行历史风貌区建筑价值评价研究，并以福州烟台山历史风貌区为例进行实证研究。在张芳的《地方认同感营造为导向的历史街区保护性更新策略——以苏州塘街历史街区为例》中，作者利用SPSS软件、科学程序来进行研究，以地方认同感为导向，有针对性地提出历史文化街区保护性更新策略。在武联等人的《历史街区的有机更新与活力复兴研究——以青海同仁民主上街历史街区保护规划为例》中，对历史街区的保护提出有机更新的思想方法，要保护人文社会网络、传承与发展地域环境的原真性，才能达到活力复兴与可持续发展目标的结论。在魏秦、纪文渊的《基于空间句法的浙江永康芝英镇宗祠与街巷空间再利用策略研究》中，运用空间句法作为人们平时感知和理解的空间量化的处理工具，基于其线段角度模型来对芝英镇的街道空间活力进行量化分析。在赵丛钰的《"人文触媒"视角的历史街区更新策略研究——以北京市什刹海地区为例》中，提出"城市触媒"的思路，为解决我国复杂的历史街区更新问题提供了一种新的思路。在张寒、苑思楠的《基于VR技术闽北祭头村街道形态认知研究》中，研究出VR技术的使用可有效对空间中人的认知过程进行数据跟踪与可视化研究，从而对人的认知特征进行科学研究。

六、不足与展望

（一）不足

通过前文的分析研究和对比，民居建筑的发展存在着众多问题和不足。民居建筑研究方法依旧比较保守，缺乏创新，没有很好地结合民居建筑的研究对象，民居建筑相关政策落实不到位。

1. 关于民居建筑理论与方法研究。国内民居建筑研究方法，除了文史资料、建筑测绘等传统技术手段外，还有国外引进的DPSIR模型、SWOT分析和VER技术在民居建筑调查工作中也陆续推广，这些研究方法为国内民居建筑的数据搜集整理、价值评价奠定了基础。但是，这些新的研究方法在国内民居建筑的研究中应用得还不够广泛。在理论研究方面，民居建筑研究的深度和广度还不够。

2. 关于民居建筑研究的关注对象。民居建筑由于社会的发展、城市化的进程等，除传统民居外，形成了许多新类型的民居建筑，如石库门近代民居、工人住宅、苏联专家公寓等，但对于这些新类型民居建筑的针对性研究还不够。

在2018年，中国古建筑国际论坛在北京举行，其中，有"意大利遗产保护教父"之称的米兰理工大学教授Macro Dezzi Bardeschi介绍了中国古建筑遗产在欧洲的传播情况，并围绕"遗产""整合""复兴"三个方面进行了反思和探讨。他认为"建筑凝聚了集体的智慧，也融入个人的情感。它们不是冰冷的建筑，而是活生生的历史文化和人类情感的承载物。只有保护好古建筑，才能够记住历史，将优秀文化一代代传承下去"。但是，国内目前民居建筑的更新改造，并没有很好地将历史文化的人类情感传承下去，没有很好地符合居民的需求。历史民居建筑元素与现代建筑元素很生硬地结合在一起，并且民居建筑的文化内涵没有被很好地挖掘。

3. 关于民居建筑政策研究。我国民居建筑的保护措施和文件，好多落实不到位。首先，规划法规制定不细，虽然《城乡规范法》规定，批准后的城市规划具有法律效力。但从保护实践看，对实际工作的指导并没有起到实质性的作用。其次，民居建筑的保护缺乏政策法规的保障与相关机构的管理，不知道什么是应该保护的，应该怎么样保护。因此，许多民居建筑遭拆除而消失。

在2019年全国两会上，全国人大代表、景德镇陶瓷大学国际学院副院长张婧婧提交的《关于美丽乡村建设中的文化遗产保护建议》指出，"我国出台了许多古建筑、古村落的保护措施，但是落实方面还存在很多问题，以至于古村落只剩其名，越来越多的古村落被打着保护的旗号重新建设，使得古村落的原特征和原生态受到了严重的破坏和影响，时间遗留下来的历史痕迹，被崭新的水泥砖瓦所取代"。她呼吁，确立乡村古建筑的法律地位，从法律层面加大对文化遗产保护的宣传力度。只有在法律法规体系保障下，才能有效地保护。各地区的两会上人大代表也对民居建筑的保护政策纷纷献策，例如贵州省两会提出"建议组建民俗督察机构规范古镇修复"，晋城两会提出"扎实推进老城保护更新与保护"，烟台两会提出"民居建设要传承烟台元素"等建议。

（二）展望

通过2009~2018年民居建筑研究的关键词Citespace时区视图所示，2018年后我国民居建筑研究进入主题化研究阶段，民居建筑的发展朝着"保护传承、再利用、价值评价"的研究方向发展。但是，国内目前民居建筑的更新改造，并没有很好地将历史文化传承下去，民居建筑的文化内涵没有被很好地挖掘。并且，民居建筑的研究尚处于研究团队专业构成单一、研究对象不够深入、政策措施落实不到位等问题，未来民居建筑研究应着力在以下五个方面：

1. 在规划方面，确定其保护更新机制、原则和策略，结合文旅相关政策的大背景，从文旅形象到总体策略进行布局。

2. 在建筑的保护方面，加强对发展缓慢而已具有丰富的文化内涵的城市民居建筑进行保护、传承、再利用、价值评价研究。并且，还要加强民居建筑保护利用的典型案例跟踪研究，通过理论研究推动民居建筑的继续稳定发展，从而有效地保护和利用民居建筑资源。

3. 在判断一个民居建筑的价值时，需要对其进行价值评价、适宜性评价和再利用绩效评价，再为民居建筑的再利用作出指导。

4. 加大科研力度，提出正确的研究方向和目标，建立民居建筑研究所、院校科研机构，设立基金和展开区域性研究。调整民居建筑研究团队的专业学者的构成，使研究团队成员专业构成丰富。

5. 反思民居建筑同质化和过度商业化的更新再利用现状，走出更新再利用的固定模式，深入调查民居建筑在城市、街区、村落居民生活中的各种需求，使民居建筑与旅游产业更好地融合。

我国民居建筑研究经过长期发展积累，涉及从传承、发展方向，到更新、改造、策略和利用价值等多个研究方向。但是在近十年民居建筑研究成果进展的梳理做得很少的背景下，对近十年来我国民居建筑的研究进展进行了梳理，并对其进行展望。十年来，民居建筑学术研究取得了初步的成果，它是一个新兴的学科，起步较晚；同时，它与我国农业经济发展、农村建设和改善提高农民生活水平息息相关；另外，它又与我国现代化的、有民族特征和地方特色的新建筑创作有关。因而，这是一项重要的研究任务和课题。

　　民居建筑是蕴藏在民间的、土生土长的、富有历史文化价值以及民族和地方特征价值的建筑，真正要创造我国有民族文化特征和地方文化风貌的新建筑，优秀的民居建筑和地方性建筑就是十分宝贵的借鉴资源和财富。我们的任务是坚持不懈、不断努力地开展学术研究和交流，为弘扬、促进和宣传我国丰富的历史文化和繁荣建筑创作贡献我们的力量。基于民居建筑研究进展情况的分析结果，需要我们思考我国民居建筑经历了一个怎样的遗产化历程？与其他遗产类型是怎样的关系？

第二章

民居建筑的遗产化历程

民居建筑传承着地域特有的历史文脉，体现着当地居民独有的生活方式。随着现代城市化进程的加快和科学技术水平的日益提高，新型建筑不断创新，旧有民居的居住形式开始慢慢淡出城市的视野，为数不多的民居建筑也在被保护的过程中走向遗产化。对民居建筑及其遗产化历程与遗产类型关系进行研究，可以更好地认识世界各国对于该领域的研究现状及已有成果，结合我国现有的举措，给人们在实践的过程中带来对民居建筑不同维度的思考与探索。本章以民居建筑遗产化历程为出发点，站在建筑视角下梳理国际环境中文化遗产历程及其对国内的影响，探讨其他建筑遗产类型和民居建筑的关系及其未来的发展方向。

一、民居建筑及其含义

（一）民居建筑与相关概念

"民居"在《汉典》中的释义为百姓居住之所，有民家、民房的意思。这一词语在古文中常常被提及，现代人们更是耳熟能详，其范围包含了不同地域、不同历史时期的不同风格和形式的用于居民居住的建筑物，如黄土高原窑洞、北京四合院、福建土楼、安徽古民居等都属于民居范畴。

"文化遗产"源于20世纪30年代，是随着世界大时代背景变化而变化的。《关于历史性纪念物修复的雅典宪章》（1931）对"纪念物"和"文物古迹"有其宽泛的解释。直至20世纪50年代前，国际上还未提及遗产的概念。关于具有历史价值和文化价值的资产多被研究者称为"文化财产"和"历史古迹"。1954年《海牙公约》①和1964年《威尼斯宪章》②分别对二者进行了较为明确的定义。1972年11月16日联合国教科文组织大会第十七届会议在巴黎通过《保护世界文化遗产公约》（简称《世界遗产公约》），并获得国际社会广泛认可。自此，"文化遗产"的概念逐渐取代"文化财产"和"历史古迹"的概念，并且逐渐被社会大众所熟知。《世界遗产公约》把"文化遗产"在意识形态上分为物质文化遗产和非物质文化遗产，二者分别为有形遗产和无形遗产。其定义"文化遗产"范畴为：①文物：从历史、艺术或科学角度看，具有突出的普遍价值的建筑物、碑雕和碑画，具有考古性质的成分或结构、铭文、洞窟以及联合体；②建

---

① 《海牙公约》定义"文化财产"为每一民族具有重大意义的可移动或不可移动的财产，如具有历史艺术价值的建筑群、艺术作品等。

② 《威尼斯宪章》对"历史古迹"（Historic monument）的定义源自西方古代的"文物"（monument）概念，为"能勾起回忆的物体"。

筑群：从历史、艺术或科学角度看，在建筑样式、与环境景色结合方面，具有突出的普遍价值的单位或连接的建筑群；③遗址：从历史、审美、人类学角度看，具有突出的普遍价值的人类工程或自然与人联合工程，以及考古地址等地方[①]。

"建筑遗产"是从历史、艺术或科学角度看，因其建筑形式、同一性及其在景观中的地位，具有突出、普遍价值的单独或相互联系的构筑物，属于文化遗产范畴。通常判定为建筑遗产的标准有：（1）代表一种独特的艺术成就，一种创造性的天才杰作。（2）能在一定时期内或世界某一文化区域内，对建筑艺术、纪念物艺术、规划或景观设计方面的发展产生过重大影响。（3）能为一种已消逝的文明或文化传统提供一种独特的或至少是特殊的见证。（4）可作为一种建筑或建筑群或景观的杰出范例，展示人类历史上一个（或几个）重要阶段。（5）可作为传统的人类居住地或使用地的杰出范例，代表一种（或几种）文化，尤其在不可逆转之变化的影响下变得易于损坏。

民居建筑属于建筑遗产中的主要类型之一，从历史、艺术或科学角度看，在建筑样式、与环境景色结合方面，都符合文化遗产的定义及范畴。其三者属于包含与被包含的关系：文化遗产 > 建筑遗产 > 民居建筑（图2-1）。

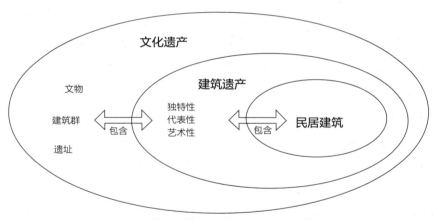

图2-1　民居建筑与文化遗产、建筑遗产关系图

（二）民居建筑的突出普遍价值

"突出普遍价值"是遗产保护领域的全球性价值观，指具有"突出意义"和"普遍价值"。在世界遗产中，"突出"要求其在某方面具有突出优势和表现才行，也代表着

---

① 《保护世界文化和自然遗产公约》第一条。

世界遗产的独特性，意味着它应属于全人类的遗产并值得传承下去。《新华字典》对"普遍"的释义为大面积的、有共性的。《牛津字典》对"普遍"（universal）定义为"affecting or including the whole of something specified or implied；existing or occurring everywhere or in all things"[1]。早在1933年《雅典宪章》[2]就将城市的历史价值联系到公众和社会人的普遍兴趣。"普遍价值"的意义是通过世界遗产的形式，建立一个普遍的价值观，引导不同民族和国家的人们遵守对于文化遗产的基本行为规范。

20世纪60年代，世界各国处于第二次世界大战的恢复期，世界秩序也在重新建立。国际社会对和平的渴望促进了世界各国之间经济、文化的交流与合作，联合国教科文组织提出保护"有世界影响"的文物，并将其阐释为"具有高度历史和艺术价值的文物，使得它们高于国家同类财产，成为全人类文化遗产的一部分"（UNESCO，1964），同时强调保护"具有普遍价值和影响"的文物和遗址，"世界遗产"的概念由此而来。到70年代，《世界遗产公约》在人类向往和平开放的背景下应运而生，"世界文化遗产"[3]开始作为一种新理念被世界各国传播和推崇，其强调全人类的共同资源、全人类的共同利益，强调全人类共同传承、全人类共同保护、全人类共同享有。教科文组织对于世界文化遗产的保护一直强调"普遍重要性"，体现对于普遍主义、人类普遍价值观的一贯追求。这一概念被用于《世界遗产公约》，成为评定世界遗产的价值基础。在教科文组织和各国遗产保护人士的倡导下，"突出普遍价值"逐渐成为遗产保护全球性理念，各国也在此价值观的基础上出台许多其他遗产保护准则。

民居建筑是各类建筑遗产的重要组成部分，是各类文化遗产的基本单元。在人类发展的过程中，起初人们对建筑的功能需求只是相对安全的可休息的场所，最初的民居建筑就产生了。随着人类社会的发展和生产力水平的提高以及国家在政治、军事等领域发展的要求，其他类型的建筑形式开始出现，保留到现在还能被大众所认知的建筑遗产还包括在近现代快速发展中遗存的宗教遗产、军事遗产、工业遗产等，这些遗产类型的出现都离不开人的活动，其生活方式的不同也影响着民居的建筑形式，因此民居建筑是构成其他遗产类型的基本单元，具有一定的突出普遍价值，并与其他类型遗产有着密不可分的关系，在当今文旅产业的快速发展中形成互相依托的丰富旅游资源（图2-2）。

---

① 影响或包括特殊的、暗含的所有；在各处的所有东西中存在或发生。
② 国际现代建筑协会（CIAM）第四次会议于1933年8月在雅典通过《雅典宪章》。
③ 1976年世界遗产委员会成立时建立的《世界遗产名录》把世界遗产分为世界文化遗产、世界文化与自然双重遗产、世界自然遗产三类。

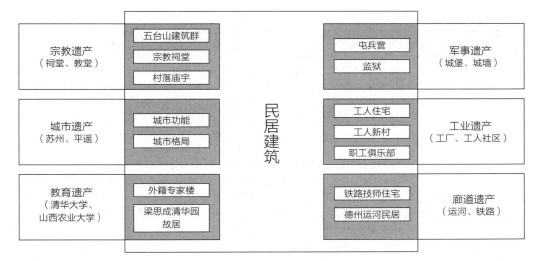

图2-2　民居建筑类型与其他建筑遗产类型关系图

（三）民居建筑的相关政策文件及其内涵变化

21世纪的今天，文化遗产已是家喻户晓，遗产的类型也越来越丰富，民居建筑的保护在生活中越来越受到公众的重视。回顾过去遗产保护的历史，不断有国际性的组织和机构成立并颁布相关纲领性的宪章、宣言和建议。了解这些主要国际机构和组织更有利于我们了解民居建筑，科学保护和利用它们，共同参与到遗产保护的浪潮中来。以下列出有关民居建筑的研究和学术机构（表2-1）。

民居建筑相关研究机构和学术机构表　　　　　　　　表2-1

机构名称	机构简介
联合国教科文组织（UNESCO）	联合国教科文组织的全称是联合国教育、科学和文化组织（United Nations Educational，Scientific and Cultural Organization），是联合国于1946年成立的所属专门机构，总部设在巴黎。截至2020年已有195个成员，其旨在通过教育、科学和文化促进国际合作，对世界和平和安全作出贡献。它成立之初就建立了五大职能，其中第三条是制订准则："起草和通过国际文件和法律建议"。多年来，教科文组织在保护世界文化遗产等领域做出了巨大的努力，并指导各国进行遗产保护工作。我国是教科文组织的创始国之一，自1971年10月确认中华人民共和国在联合国的合法地位以来，中国在该组织的各项活动中均发挥了积极的作用，并在1979年成立中国联合国教科文组织全国委员会

机构名称	机构简介
世界遗产委员会（WHC）	世界遗产委员会（World Heritage Committee）是联合国教科文组织下设的管理机构，于1976年成立，负责《世界遗产公约》的实施和《世界遗产名录》的申报、管理以及遗产基金援助方面的工作。2017年11月14日，联合国教科文组织的《保护世界文化和自然遗产公约》缔约方大会在巴黎总部举行，中国当选世界遗产委员会委员，任期4年
国际古迹遗址理事会（ICOMOS）	国际古迹遗址理事会（International Council on Monuments and Sites）于1965年在波兰华沙成立，其前身是后文中提到的"历史纪念物建筑师及技师协会"。作为世界遗产委员会的专业咨询机构，它由世界各国的遗产专业人士组成，包括建筑学家、历史学家、艺术史学家、考古学家、城市规划师等。ICOMOS是古迹遗址保护和修复领域唯一的国际非政府组织，在审定世界各国提名的世界文化遗产申报名单方面起着重要作用，在保护和利用历史建筑、古镇村落等方面做了大量工作
ICOMOS China	中国古迹遗址保护协会，成立于1993年，是由从事文化遗产保护与研究的专家学者和管理工作者自愿组成的全国性、群众性、非营利性的学术团体。遵循国际古迹遗址理事会（ICOMOS）的章程。从事文化遗产保护理论、方法与科学技术的研究、运用、推广与普及，为文化遗产的保护工作提供专业咨询服务，促进对文化遗产的全面保护与研究。主管单位为中华人民共和国文化和旅游部
中国建筑学会	中国建筑学会于1953年10月成立，著名建筑专家梁思成、杨廷宝先生为历任领导人，是全国建筑科学技术工作者组成的学术性团体，主管单位为中国科学技术协会、中华人民共和国住房和城乡建设部。其下二级组织建筑史学分会每年召开会议，是以遗产保护、民居建筑、近现代建筑等为议题开展
中国文物学会	中国文物学会成立于1984年，是由文物工作者和专家学者、文博机构，以及关心、支持文物保护的有关人士和单位，自愿组成的全国性、学术性、非营利性社会组织。其下设古村镇专业委员会、20世纪建筑遗产委员会、历史文化名街委员会等分支机构，都在进行民居建筑的研究

　　建筑遗产的保护随着世界文化遗产的不断演变经历了漫长的过程。最初，各国政府只是保护他们认为的国家文物，直到20世纪30年代，"国宝"开始成为世界关注的国际性话题。近几十年来，建筑遗产作为文化遗产的重要组成部分，其保护理论（文件、建议、宣言、宪章等）不断被各国际协会和政府组织研讨论证。随着东方世界经济、国力的提升，最初由西方发达国家为主导的西方文化遗产保护思想，开始逐渐纳入东方建筑遗产的观念，并向着多元化的发展方向前进。通过对相关建筑遗产的研究，进而梳理世界文化遗产保护的发展脉络和建筑遗产在文化遗产发展中的内涵变化（图2-3）。

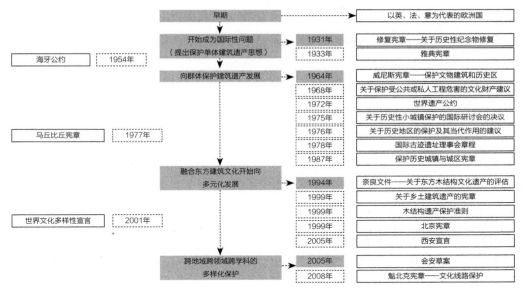

图2-3　建筑文化遗产保护文件发展脉络图

1. 1959年以前建筑遗产的相关政策文件。世界文化遗产的保护文件的修订开始于20世纪30年代初，关于建筑遗产保护的国际文件也始于此。在这一历史时期，国际上还未提及"建筑遗产"一词，民居建筑的概念也很模糊。

1931年，第一届历史性纪念物建筑师及技师国际会议在雅典通过《关于历史性纪念物修复的雅典宪章》，也被称为《修复宪章》（*Carta del Restauro*）。该宪章提出关于建筑纪念物的使用和保护原则，并开始在各国建立有关文物古迹的清单[①]。值得注意的是，历史性纪念物建筑师及技师国际协会（ICOM）是国际古迹遗址理事会（ICOMOS）的前身，而《修复宪章》也是世界文化遗产保护的第一部重要的国际文献，也为后来《威尼斯宪章》（1964）和《华盛顿宪章》（1987）的修订奠定了坚实的基础。

1933年8月，国际现代建筑协会（CIAM）第四次会议通过《雅典宪章》。该宪章虽更多地在讨论城市规划和设计中的问题，但古建筑和民居建筑作为城市的重要组成部分，也成为重点被提及。宪章中提出具有历史价值的建筑物（①能代表某一历史时期，能引起民众的兴趣并且具有一定教育意义的建筑物；②在城市发展进程中，被保留下来但不妨害居民健康的建筑物）应当得以合理保护和利用，使其与城市中其他部分有机地融合。

---

① 《关于历史性纪念物修复的雅典宪章》第七条：纪念物保护与国际协作（a技术上和理念上的合作；b教育在保护过程中的作用；c国际文献的价值）。

2. 1960～1969年建筑遗产的相关政策文件。1946年5月，在威尼斯召开了第二届历史性纪念物建筑师及技师国际会议，并通过了《国际古迹保护与修复宪章》(《威尼斯宪章》)。该宪章提出一系列关于历史古迹（文物建筑及历史地段）的保护、修复、发掘的相关策略和国际原则。它的修订肯定了历史文物建筑的重要价值和作用，并将历史文物建筑视为人类的共同遗产和历史见证。

1968年11月，联合国教科文组织第十五届会议在巴黎通过了《关于保护受公共或私人工程危害的文化财产的建议》。这一文献将具有文化价值的可移动和不可移动的古代遗迹统称为"文化财产"。建筑遗产在这一时期也开始被称作"传统建筑"，民居建筑称作"历史住宅"[1]被提及。

3. 1970～1979年建筑遗产的相关政策文件。这十年对于建筑遗产的保护是至关重要的，期间在国际上颁布了许多国际性文件并且得到国家普遍认可，为现今的遗产保护工作创造了良好开端。

1972年11月，联合国教科文组织大会第十七届会议在巴黎通过《保护世界文化和自然遗产公约》和《关于在国家一级保护文化和自然遗产的建议》。该公约中定义的"文化遗产"一词被沿用至今。而"建筑遗产"被称作"建筑群"在文化遗产中占据重要地位。随后，1975年，国际古迹遗址理事会在罗登堡通过《关于历史性小城镇保护的国际研讨会的决议》；1976年联合国教科文组织第十九次会议通过《关于历史地区的保护及其当代作用的建议》(《内罗毕建议》)。这两个文献中主要针对"历史和建筑地区"[2]，主要以民居建筑构成。

1978年5月，国际古迹遗址理事会在莫斯科通过《国际古迹遗址理事会章程》，该章程定义"古迹"一词应包括在历史、艺术、建筑、科学或人类学方面具有价值的一切建筑物（及其环境和有关固定陈设与内部所有之物）。这一定义也囊括了关于建筑遗产的相关内容。

4. 1980～1989年建筑遗产的相关政策文件。1978年10月，国际古迹遗址理事会在华盛顿通过《保护历史城镇与城区宪章》(《华盛顿宪章》)。这一宪章是对《威尼斯宪章》和《内罗毕建议》的提升和补充。它规定了保护历史城镇和城区的原则、目标和方法，

---

[1] 《关于保护受公共或私人工程危害的文化财产的建议》中定义不可移动物体：无论宗教的或世俗的，诸如考古、历史或科学遗址、建筑或其他具有历史、科学、艺术或建筑价值的特征，包括传统建筑群、城乡建筑区内的历史住宅以及仍以有效形式存在的早期文化的民族建筑。

[2] 《关于历史地区的保护及其当代作用的建议》中定义"历史和建筑地区"分类为：史前遗址、历史城镇、老城区、老村庄、老村落以及相似的古迹群。

使无论是什么级别的文化遗产都构成人类的记忆。

5. 1990～1999年建筑遗产的相关政策文件。在20世纪末，世界各国对各类文化遗产的保护越来越看重，各国际组织和协会都召开国际会议并颁布相关文件。1994年《奈良文件》的提出，拓展了世界文化遗产的边界，意味着西方世界国家开始尊重文化遗产的多样性①。之后，国际古迹遗址理事会第十二届全体大会（1999年）在墨西哥通过《关于乡土建筑遗产的宪章》和《木结构遗产保护准则》，宪章中明确乡土建筑遗产的定义为社区自己建造房屋的一种传统方式和自然方式，并且针对乡土建筑的一般性问题、保护原则②及实践指导拟定策略。同年，国际建筑师协会第十二次大会在北京通过《北京宪章》，它针对建筑遗产在20世纪的发展历程总结相关经验并且讨论了21世纪建筑遗产以及建筑学将面临的挑战和认知的转换。

6. 2000年至今建筑遗产的相关政策文件。21世纪以来，世界文化遗产保护进入跨学科、跨地域的发展，同时也趋于精细化、多样化保护。2003年，国际古迹遗址理事会第十四届全体大会在维多利亚瀑布市通过《建筑遗产分析、保护和结构修复原则》；2005年，联合国教科文组织第十五届《保护世界文化和自然遗产公约》缔约国大会在巴黎通过《保护具有历史意义的城市景观宣言》；同年，教科文组织在会安通过《会安草案——亚洲最佳保护范例》；同年，国际古迹遗址理事会第十五届全体大会在西安通过《西安宣言》。

改革开放以来，我国开始与国际文化遗产保护领域开展合作，积极参与国际文化遗产保护活动。尤其进入21世纪，多次举办相关专题会议和活动。

1985年，加入《世界遗产公约》并成为缔约国，开始向联合国教科文组织申报世界文化遗产名单。

1993年，成立国际古迹遗址理事会中国委员会（ICOMOS China）。

1999年，成为世界自然与文化遗产委员会成员。

此后，我国北京、南京、西安、深圳、平遥、丽江等地相继举办联合国教科文组织

---

① 《奈良文件》关于文化多样性与遗产多样性的内容第一条：整个世界的文化与遗产多样性对所有人类而言都是一项无可替代的丰富的精神与知识源泉。我们必须积极推动世界文化与遗产多样性的保护和强化，将其作为人类发展不可或缺的一部分。
② 在《关于乡土建筑遗产的宪章》保护原则一项中有以下几则值得注意：a传统建筑的保护必须在认识变化和发展的必然性和认识尊重社区已建立的文化特色的必要性时，借由多学科的专门知识来实行；b对乡土建筑、建筑群和村落所做的工作应该尊重其文化价值和传统特色；c乡土性几乎不可能通过单体建筑来表现，最好是各个地区经由维持和保存有典型特征的建筑群和村落来保护乡土性；d乡土性建筑遗产是文化景观的组成部分，这种关系在保护方法的发展过程中必须予以考虑。

及国际协会关于文化遗产的国际会议及活动，并通过诸如《北京共识》《苏州宣言》《绍兴宣言》《西安宣言》《平遥宣言》等国际性文献。

二、民居建筑的遗产化进程

到中华人民共和国成立前，国际遗产保护工作已发展二十余年，我国关于文化遗产的保护工作处于探索阶段，建筑遗产中民居建筑占到了很大比重，怎样合理保护和利用此类遗产也成为社会发展的重要问题。本节将我国民居建筑遗产化整体上划分为三个阶段，代表着民居建筑由"文物——遗产"不断转变的保护发展理念（图2-4）。

（一）早期阶段（1980年以前）

从中华人民共和国成立之初到改革开放，是我国成立的头三十年，也是我国社会主义道路探索的早期阶段。在当时的历史时期，由于我国社会的变革和经济的起落，形成了独一无二的民居建筑保护的时代背景。20世纪50年代，战后国民经济得到大幅度提高，经济形势欣欣向荣，国外关于遗产保护的研究已二十年有余。受苏联影响，我国当时对于建筑遗产的保护虽然相对片面，但也保留了大量的民居建筑、军事遗产和工业遗产等。20世纪60年代到改革开放前，整体上是一个经济物质短缺的时代，虽然出台了法规条例对文物保护和颁布文保单位等进行约束，但是由于这些措施未被上升到宪法层面且社会整体还缺乏对民居建筑保护的认知，使这些具有历史、文化和现实意义的民居建筑遭到了极大破坏。学术方面，据不完全统计，关于民居建筑的书目和论文仅在《建筑学报》以及建筑工程出版社发表出版14篇，以地域性研究为主，诸如西北黄土建筑调查、徽州住宅、客家屋式研究等。总体而言，这一

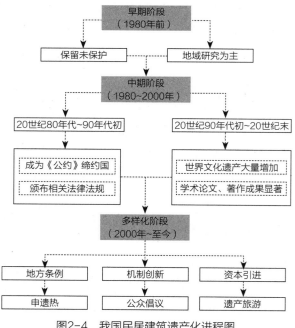

图2-4 我国民居建筑遗产化进程图

图2-5　山西太谷未受到合理保护利用的民居　　　　图2-6　山西太谷未受到合理保护利用的民居
　　　　　建筑1　　　　　　　　　　　　　　　　　　　　建筑2

时期我国民居建筑的保护是无主观意识的，只有极个别学者对其进行了少量的研究，更未谈及管理、利用等方面的内容（图2-5、图2-6）。

（二）中期阶段（1980～2000年）

20世纪80年代～90年代末，文化遗产保护工作得到了党中央、国务院的高度重视，政府参与主导做了大量立法工作，为我国文化遗产的发展工作提供了规范性、纲领性的法律法规依据。国务院于1982年、1986年和1994年先后公布了三批国家历史文化名城，为后来历史文化名镇、名村、街区受国家保护的地位奠定了法律基础。此外，国内有大量专家、学者也积极投身于文化遗产的研究中来，为21世纪民居建筑多样化的发展奠定了夯实的基础。以1990年为分界线，将民居建筑在这一时期的发展分为两个阶段展开论述。

改革开放后的前十年，是我国民居建筑保护的起步阶段。国际上，随着我国签署《世界遗产公约》并成为缔约国[①]，我国的遗产保护（文物保护[②]）工作逐渐与国际接轨。1987年，世界遗产委员会将中国第一批文化遗产（6项）列入世界遗产名录，为我国民居建筑遗产化起到了巨大的推动作用。与此同时，国内民居建筑随着《中华人民共和国文物保护法》的颁布被纳入国家宪法的保护中[③]。该宪法的颁布一定程度上阻止了各种破坏文化遗产的活动，并在全国范围内形成以宪法为核心，行政法规、部门规章和地方

---

① 缔约国是主权国家间就某项事件达成共识并签订相关条约，条约制定国以及自愿加入或者遵守并同意签约的其他主权国家，都属于此条约的缔约国，简单讲就是签署共同条约并在该条约约束下的国家就是该条约的缔约国。
② 《中国大百科全书·文物博物馆卷》中，对文物的定义是："文物是人类在历史发展过程中遗留下来的遗物、遗迹。"我国法律中文物保护的涵盖范畴等同于遗产保护的范畴。
③ 按照《中华人民共和国文物保护法》的规定，受国家保护的文物范围第1、2条：（一）古文化遗址、古墓葬、古建筑、石窟寺和石刻；（二）与重大历史事件、革命运动和著名人物有关的建筑物、遗址、纪念物。由此可见，我国部分具有突出普遍价值的民居建筑也被纳入其中。

法规相配套的文化遗产保护法律框架。据不完全统计，关于民居建筑的著作49余部，论文100余篇，其中以阮仪三、朱良文、吴良镛等为代表的学者开始积极活跃在民居建筑研究领域中。

1991~2000年是民居建筑保护稳步发展的阶段。这十年，我国世界文化遗产数量快速增多，这一阶段我国申请成功的20项世界文化遗产中民居建筑为重要构成的有4项，分别为1997年申遗成功的丽江古城、平遥古城、苏州古典园林，以及2000年申遗成功的皖南古村落。随之而来的是各级地方政府关于地方立法的探索，诸如1998年《山西省平遥古城保护条例》《安徽省皖南古民居保护条例》等。此外，随着教育、旅游、经济等方面的快速发展，关于民居建筑的著作和论文出版发表数量也骤然上升，仅1991~2000年间出版著作300余部，发表论文700余篇。这一现象也充分反映出我国对于民居建筑的研究获得了较大进展和较多理论成果，也展现出民居建筑在未来21世纪能充分活跃的强大动力。

从1980~2000年总体来讲，随着我国大量关于文化遗产保护法律的颁布和国际参与，自上而下的保护成果显而易见，各级政府也更加注重对文化遗产的保护和评级工作；各大学、研究机构相关领域的专家学者也积极参与和研究；公众对于文物保护、文化遗产等名词耳熟能详，并且尝试自发保护。这些自上而下的措施和举动都为新世纪文化遗产的多样化发展提供了坚实基础。

（三）多样化阶段（2000年至今）

21世纪以来，伴随着我国法制化进程的不断提高，我国关于遗产保护的法律法规也在逐渐完善。2002年全国人大常委会审议通过新修订补充的《文物保护法》；2003年7月1日《文物保护法实施条例》正式出台。自此，全国文物保护的各级政府和管理部门加快了配套文物保护法规建设的步伐并根据地方特色的保护原则对旧有法规进行了清理。尤其在2010年后，各地方政府陆续开始对"历史建筑"[①]进行了普查统计并对其开展保护工作。其中，民居建筑是历史建筑的重要组成部分。以平遥古城为例，2018年9月平遥县政府发布的《关于公布平遥县第一批历史建筑名单的通知》中，确定平遥古城142个民居院落为平遥县第一批历史建筑。历史建筑的普查不止是对具有一定历史、科学和艺术价值的建筑进行保护，更是对国家法律法规细化的补充，使得有关文物保护相关的法律法规向着更全面化发展。

---

① 历史建筑是指经市、县人民政府确定公布的具有一定保护价值，能够反映历史风貌和地方特色，未公布为文物保护单位，也未登记为不可移动文物的建筑物、构筑物。

申报世界文化遗产成为我国各级政府热议的话题，各地政府在组织申遗的过程中积极开展相关保护、研究工作，极大地促进了我国各地遗产保护事业的发展。截至2019年7月，我国已有55项世界文化和自然遗产列入世界遗产名录，其中世界文化遗产37项，与意大利并列为拥有最多世界遗产的国家。民居建筑作为其中的一分子，各级政府也向着申请世界文化遗产方向努力，这一中国式的"申遗热"愈演愈烈。纵观这一现象的原因无非几点：①世界文化遗产意味着多了一张被国际认可的新名片，可以提高地域的知名度；②知名度带来客流量，可以促进地方经济发展，惠及民生；③申遗的过程，也是对遗产本身自我完善的过程，一旦申遗成功会极大地激发地方政府的积极性和创造性。举例来讲：丽江古城1997年申遗成功以来，2003~2009年间，它完成了299户民居、236个院落的民居修复工作，既恢复了古城的原生态，也加强了历史传承和地域文化特色。

　　此外，在各级政府财政和专项资金的支持下，保护包括民居建筑在内的各类文化遗产的状况也越来越乐观。在国际法和国内各级法律法规的推动下，政府对于文化遗产的管理机制也在不断创新。这正是民居建筑走向全方位发展的体现。

　　民居建筑在社会发展中走向多样化实践。随着经济全球化的发展，文化遗产作为一种旅游的吸引物成为大众"消费品"，遗产旅游也作为一种旅游产品被大众所追捧。1975年，欧洲的"建筑遗产年"成为全球"遗产旅游热"的开端。在我国，民居建筑作为遗产旅游的新产品被社会各类企业所开发和营销，成为促进遗产地旅游经济的重要组成部分，其被利用的形式也多种多样，诸如酒店、民宿、特色餐饮、银行等。位于四川成都的宽窄巷子就是旅游遗产热对于民居建筑发展多样化的最典型体现。早在20世纪80年代，宽窄巷子就被列为《成都历史文化名城保护规划》的重要内容（图2-7），直到2005年才开始保护和再利用的修缮重建工作，开放后的宽窄巷子建筑兼具了川西民居与北方四合院、西方建筑的特点，形成了其别具一格的建筑风格，再配合其丰富的商业形态，使宽窄巷子一度成为四川旅游的必去景点之一，也是我国21世纪民居建筑发展多样性的最好体现。

图2-7　成都宽巷子民居院落

　　民居建筑走向公众倡议。十八大以来，习近平主席提出文化自信的口号并掀起中国文化热。随着大众对文化遗产和中国传统文化认识的不断加强，民居建筑也向公众化的方向发展。在2019年国际古迹遗址理事会乡土建筑和土质建筑遗产科学委员会国际学术研讨会闭幕式上，同济大学建筑与城市规划学院邵甬教授宣读《关于面向公众的文化遗产保护的平遥倡议》中强调：文化遗产的保护和利用的全过程应当建立公众参与的长效机制；鼓励和支持居民自下而上的遗产保护发起行为等。希望未来民居建筑化进程的发展可以更加多方面、全方位、系统化。

近年来，我国民居建筑化进程有着新的发展阶段，向着更加多样化的实践探索阶段发展。纵观我国民居建筑化历程，由最初无主观意识保护甚至破坏——法律、政府自上而下引导的保护——再到多样化的发展，证明我国相关领域的研究人员、工作人员和社会各界都在逐步重视民居建筑的发展，与此相关的问题也随之而来。怎样科学保护和利用这些民居建筑还需要政府通过顶层规划作为引导；怎样加强公众对民居建筑的保护意识和科学利用水平；怎样依据地方经济发展和人才力量在关键环节和重点方面稳中求进，都成为政府、学者当前更值得深思的问题。

三、民居建筑的未来：保护、管理、利用

一直以来，我国都是文物和文化遗产大国，民居建筑作为其中重要的组成部分，经历了从改革开放后保留未保护的阶段经过快速发展到现今多样化发展的阶段，都受到了社会各界的高度关注。但在民居建筑多样化发展的今天，仍存在许多保护、管理以及利用方面的矛盾，亟待解决。

（一）保护问题

1. 城市发展与遗产保护相矛盾的问题。很多地方政府都认为，大量保护旧有民居建筑会阻碍城市的发展，因此在城市改造中盲目贪大求洋，一些有历史价值的民居建筑和其他历史文化遗存等都遭到不同程度的破坏，新旧建筑冲突使得城市的历史风貌不断消失，城市特色日渐模糊。对此，原国家文物局局长张文斌，曾经一针见血地指出："不少城市追求大规模的建筑群，导致城市面貌千篇一律，而这种单一面貌的文化正在吞噬以历史城镇街区、古老建筑为标志的城市特色和民族特色。"在城市的快速发展中，普遍注重城市物质经济的一面，许多地方具有较高历史文化价值的民居建筑都成为孤立的陈列品，城市变得千城一面，缺乏文化标识，很难让人产生文化归属感和身份认同感。

2. 保护资金缺乏的问题。虽然近年来国家对于历史文化名城保护的专项资金有了较大幅度的增长，但是相对于大量未受到保护的民居建筑来说，国家层面的保护资金仍

然显得很匮乏。在地方政府层面，除少数以发展旅游为主导产业的城市外，其他城市几乎没有安排这方面的专项资金。由于缺乏鼓励机制，投入历史城市保护的个人资金、社会捐助资金也非常有限。这就使得开发商资金成为很多民居建筑保护的主要资金来源，然而追求利润最大化的开发商，往往会放弃那些没有开发价值的部分，比如原住居民被迁走，整体空间格局被打破等，造成民居建筑真实性、完整性和生活延续性的破坏。

3. 保护机制建设不足的问题。我国与历史文化保护相关的管理机构，多达9种类型，各地分别由名称中含有"规划""文化""文物""建设""房管""旅游"等字样的部门牵头，甚至有的就是由旅游公司牵头，或者干脆不设管理机构。保护工作谁来负责？谁来主导？没有一个敢负责，也没有一个能负责。许多民居建筑产权不明晰，保护责任不明确，很多虽然被认定为文物，但是没有落实保护工作。另外，某一个建筑一旦被列为历史建筑，这块地的容积率就会受到限制，发展权就会受到影响。由于没有相应的补偿机制，产权人只承担责任而享受不到权益，没有积极性，甚至还有抵触情绪。

（二）管理措施

自1985年加入《公约》以来，中国的文化遗产保护工作就基本是由政府主导和推动的。对于民居建筑的管理来讲，各地政府根据地域特点、民居建筑保护情况、经济发展趋势等因素设置有不同的管理机制。本文从宏观、共性的角度谈谈对于民居建筑的管理意见。具体操作办法还需要不同的管理机构等部门在实践中探索，因地制宜、因时制宜。

应提高全民对民居建筑的保护意识。要想提高对民居建筑的保护意识，就必须从提高文化遗产的保护意识的层面角度入手开展工作。不仅要在学校内开展文化遗产和民居建筑相关课程，更应该在建筑、规划、文化、旅游等部门推行这方面的教育，提高政府人员对相关项目的决策能力。学习内容应从我国颁布的《文物保护法》《历史文化名城名镇名村保护条例》《中国文物古迹保护准则》等法规中提炼，还应包括前文提到的一系列国际性文件，如《雅典宪章》《威尼斯宪章》《内罗毕建议》《华盛顿宪章》《奈良真实性文件》《西安宣言》《北京宪章》等。这一方面我们应该借鉴法国的成功经验，在法国从国家到地方都设有专门的文物保护调研机构，建筑规划人员必须学习文物保护知识，考试合格之后才能参加实际的工作。文物保护意识的提高同时促进了法国保护机制的完善。在我国，国务院早在2005年就将每年6月的第二个星期六定为自然和文化遗产日，但是相关活动还不普及，社会关注度也不高。广大青年学生和教师可借力文化遗产日开展相关的活动，营造保护文化遗产的良好氛围，动员全社会共同参与，关注和保护文化遗产，以此增强全社会对民居建筑的保护意识。

在加强政府职能部门的监管力度的同时，加强舆论监督和群众监督。决策者和管理者虽然是各类遗产保护和管理的第一主体，但更应该动员全社会的力量，鼓励吸引社会各方的参与。在关于民居建筑更新再利用的项目中，应该做到政府组织、专家领衔、社会参与，以前那种缺乏前期周密调查，也缺少专家科学论证，搞"领导意图一言堂"的情况必须停止。

完善管理机制，增设民居建筑的科学评价。目前，对于民居建筑的管理机制各地实施着不同的管理办法，但运用科学的评价模式对其进行价值评价和适宜性评价是各地决策者大都欠缺的。近年来，国内一些先进单位已经开始注重对历史遗产进行价值评价工作，这很大程度上为政府相关职能部门进行管理机制的创新提供了新思路，也为管理者在决策此类项目时提供更为系统化、科学化、标准化的有力决策依据。未来怎样使民居建筑的管理体系更加标准化、具体化、特性化成为我们深入思考和探索的问题。

（三）利用开发

在针对民居建筑的更新再利用方面，应该认识到理念的更新才最为重要。怎样做到重新认识、科学评价、民主决策、合理利用？

应该遵循立足保护、科学规划、合理开发、永续利用的原则。随着近年来旅游产业的发展，对民居建筑再利用的探索主要是以商业、旅游项目的开发为主，在此类开发项目中应对具有保护价值的民居建筑进行功能的置换和改造，使老建筑能够延续，并注入新活力，发挥其在经济、历史、文化等多方面的价值，以保证民居建筑再利用项目的科学性和前瞻性。就民居建筑或历史街区而言，再利用开发项目不但应包括物质性的建筑形态，更应包括非物质性的文化内涵，如生活方式、民风民俗等，以此保留民居建筑的个性和特征，获得城市更高的社会认同感。

还应突出公众参与性，做到政府主导、居民参与、公司运作。尽可能发挥多方的积极性，让更多的人和单位参与进来，让民居建筑再生成为全民关注的对象和事业。未来民居建筑的利用开发应更加注重对民居建筑历史性、整体性、可读性、永续性和独特性的思考，形成对民居建筑的科学评价体系和活态化的再利用模式，为营造民居建筑遗产地开辟新道路。

本章是关于民居建筑遗产化历程的研究。以民居建筑为出发点，首先阐述了世界文化遗产相关的基本概念及国际环境中建筑遗产相关政策的变化，浅析民居建筑与其他遗产类型的关系，其次阐述了我国民居建筑遗产化历程，最后提出民居建筑开发再利用的现存问题并寻找措施。在民居建筑遗产化历程的末段，其多样化发展的同时也带来许多新的矛盾和问题，希望读者可以站在遗产保护视角思考民居建筑再利用问题，在对民居建筑的实践中给相关从业者带来历史的纵向思考。

第三章

民居建筑的评价体系

民居建筑是具有历史信息和文化符号的建筑物，是人类历史发展重要的文化遗产。每一处民居建筑都承载着其不同地域的文化特质和内涵，这些遗存的民居建筑共同构成了中国民居建筑艺术的瑰宝。但是随着时代的发展，民居建筑的权属和其适用性都发生了变化。20世纪90年代初期，国内开始出现对民居建筑改造的探索，比如北京四合院、同里古城、丽江古城等。21世纪以来，国内有关部门和相关专家学者越来越关注关于民居建筑的研究，也已经有比较丰富的理论基础和实践创作经验，但是更多的是研究者和设计人员对历史民居建筑的感性认知，而不是数据定量和感性相结合。关于民居建筑遗产评价理论的研究、针对民居建筑的利用方法也出现了多种类型和方式。那么如何对民居建筑再利用后进行综合考量，使得该研究在新的时代背景下更好地指导民居建筑进行保护和改造，成为当前研究的重点。

基于上一章对民居建筑的遗产化历程与其他遗产类型关系的研究，本章针对民居建筑进行综合评价研究，完善关于民居建筑的评价指标系统和评价标准，并结合云锦成、崇宁堡等实证案例，详细论述在民居建筑的更新改造后如何利用绩效评价的评价指标和评价标准。对民居建筑再利用以后的价值意义进行客观的判断，为民居建筑的改造提供更多决策依据，填补学术界对民居建筑再利用评价研究的空白，希望综合评价能够为民居建筑的改造提供决策依据和现实指导（图3-1）。

图3-1 本章研究思路

一、民居建筑评价体系概述

（一）内涵解读：民居建筑评价含义

"建筑遗产"是从历史、艺术或科学角度看，因其建筑的形式、同一性及其在景观中的地位，具有突出、普遍价值的单独或相互联系的构筑物，属于文化遗产范畴。通常判定为建筑遗产的标准有：（1）代表一种独特的艺术成就，一种创造性的天才杰作。（2）能在一定时期内或世界某一文化区域内，对建筑艺术、纪念物艺术、规划或景观设计方面的发展产生过重大影响。（3）能为一种已消逝的文明或文化传统提供一种独特的或至少是特殊的见证。（4）可作为一种建筑或建筑群或景观的杰出范例，展示人类历史上一个（或几个）重要阶段。（5）可作为传统的人类居住地或使用地的杰出范例，代表一种（或几种）文化，尤其在不可逆转之变化的影响下变得易于损坏。

"综合"是思维过程的基本环节，也是思维把握客体的基本方法，即在思维中把事物的各部分、各方面、各种关系和属性结合起来，加以考察和研究，掌握其本质和规律的逻辑方法。因此，民居建筑综合评价的过程就是由部分到整体、从抽象到具体的过程。综合的任务就是把事物的各个方面、部分、属性、关系在思维中结合起来，探求各种单纯规则之间的复杂联系，把事物作为多样性统一的整体再呈现出来，真正深入到事物的本质，把握事物发展的规律。综合的方法就是把事物互相联系的要素综合成一个统一的整体。综合对民居建筑研究有重要的意义，一般而言，客观事物都是各方面本质的统一整体，只有对其各方面的本质加以综合，才可能对客观事物有全面且正确的了解。在面对民居建筑被拆除时，给出的最普遍的理由是：该建筑已经不能适应新的功能需求。在实际面对建筑遗产的实践过程中，对建筑遗产进行改造大部分是为了适应新的功能需求，这就需要对建筑作全方位综合的评价，在此过程中，设计者需要权衡的是建筑自身的价值与改造再利用后的价值。

"评价"就是评估人、事、物的优劣和对价值的评定。

（二）研究意义：民居建筑评价的必要性

民居建筑体现着当地的历史文化和历史风貌，是一个城市地域文化的象征，其保护和利用开始被国家、社会和学者广泛重视。在文化自信和城市快速发展的背景下，旧有的民居逐渐成为历史建筑，人们对人居环境要求的提高和历史建筑落后的使用功能等方面发生矛盾。本章在民居建筑评价系统的构架下，针对民居建筑再利用的价值评价和绩效评价研究，构建其对应的评价体系及方法，并结合浙江、山西等3处具有代表意义的设计改造落地项目进行保护与利用的综合评价，为其他民居建筑的保护与利用提供有力的参考和决策依据。

目前，我国对于文保建筑的评估和判定已出台相关法律条令，虽尚有不足，但有据可依。相比而言，关于历史建筑保护和利用的评价研究还尚显薄弱，亟待建立相关的规范标准和评价系统。在城市快速扩张的时代背景下，大量具有历史价值的民居建筑得不到合理科学的保护和利用而面临荒废和消亡。因此，我们迫切需要对民居建筑的现状、价值和再利用绩效等各项指标进行科学合理的评价。在实践中探索相关历史建筑的综合评价方法和策略，使得大量被保留的历史建筑在面临拆除或改造之前能够对其作出科学准确的量化评价，从而最大限度地合理利用历史资源，延续历史文脉，实现可持续发展。

结合我国目前历史建筑资源的条件，本章运用AHP层次分析法，吸纳引用社会学、评价学、统计学等相关领域的经验和方法，尝试构建一套较为科学系统的民居建筑综合评价方法，其意义在于理论和实践两方面：

（1）理论意义：以评价模式贯穿构建民居建筑保护和利用的新系统。

（2）实践意义：以评价模式理论为基础为历史建筑保护和再利用提供科学决策。

二、民居建筑评价研究内容与学术前沿

（一）民居建筑评价研究内容

民居建筑综合评价系统的构建包括评价类型、评价步骤程序、评价标准、评价指标构成、权重分配、评价数据采集、量化处理和结果分析方法等。总结国内民居建筑保护性改造再利用案例的经验，提出适合我国国情的民居建筑综合评价系统，从而为相关建筑的保护利用工作提供决策依据和技术支撑。

基于"整体评价"考虑，将民居建筑综合评价分为两项评价单元：民居建筑更新活化的价值评价以及民居建筑再利用的绩效评价。并对其评价策略与内容作独立研究。

民居建筑的综合评价体系研究在国内外研究成果的基础之上进行创新，构建一个更为科学的评价体系，需要对评价因素集中的预设、释义及权重进行研究，从而确定评价体系的等级。除此之外，还有以下研究内容：①将定性评价和定量评价、主观评价和客观评价相结合。②为了符合民居建筑的综合价值、保护与利用的宗旨，将选择评价因子。因此，本评价体系引入民居建筑综合价值的评价因子：民居建筑再利用、社会参与、非物质文化遗产、社会经济措施等。③总结其调研方法、问卷设置方法、收集资料内容和调研部门等，为以后的研究进展提供借鉴和参考。

（二）民居建筑评价研究动态

1. 国内研究

近年来，随着政府、社会和国内学者对其保护利用研究方面关注度的提高，出现了许多具有学习和借鉴价值的学术论文和专著，研究所涉及的建筑类型主要为产业型建

筑、居住型历史建筑。

在专著上,张松在《历史城市保护学导论——文化遗产和历史环境保护的一种整体性办法》中多层面、多角度地对民居建筑保护和再利用进行了研究。陆地在《建筑的生与死——历史性建筑再利用研究》中提出,从民居建筑的开发再利用角度,研究民居建筑在城市化进程中所面临的问题。朱光亚在《建筑遗产资源评估系统模式研究》中以绍兴、苏州、杭州等地的实地调研为基础,建立了一套多项指标评估体系,并对评估因子及权重进行了研究。

在学术论文上,近十年来许多高校相关领域学者对历史建筑保护利用进行了大量的研究。阮仪三从环境价值角度开展了城市中历史建筑的价值评判研究。董鉴泓、阮仪三从城市社会文化和消费经济学的角度对历史文化名城中的建筑遗产作了价值评估研究。陈志华针对乡土建筑作了价值评价研究。王建国等对工业建筑遗产提出了分级评定的技术方法。刘伯英等针对工业遗产的定义、构成、类型、特征和价值作了系统阐述,并对其价值构成和评价方法进行了研究。

总体来讲,国内对于历史建筑评价的研究尚处于起步和探索阶段,大部分是针对历史建筑的保护与再利用的策略方法、技术手段等方面,系统性和科学性稍显不足。且对民居建筑的再利用评价体系的领域研究也极少,这体现出我国对民居建筑保护利用的迫切现实需求和技术复杂性。

2. 国外研究

世界范围内欧美国家在建筑评价体系方面的研究较为全面,范围也较为广泛,笔者查阅大量文献和资料,归纳出欧美一些发达国家关于历史建筑评价的研究现状。

(1)历史建筑价值评价

20世纪60年代以来,西方一些主要的发达国家就开始了对历史建筑价值评价的研究。首先,由联合国教科文组织(UNESCO)和国际古迹遗址理事会(ICOMOS)颁布的关于古迹保护修复、古建筑保护与利用以及建筑遗产认定等多方面的众多国际宪章、公约、宣言等作为纲领性、规范性、指导性的文件,可以为历史建筑的价值评价提供经验总结和原则共识。

其次,欧美等国根据各自国情也推进了建筑遗产价值评价的制度化建设。①法国体现在他们运用了民居建筑保护和利用规划PSMV(民居建筑保护和利用规划)。其中在PSMV的研究过程中的主要工作就是对民居建筑的调查和评价。通过调查、分类、社会经济分析、评估工作,来建立调查统计档案。对于民居建筑特征的调查和评估包括街道和广场的比例、尺度、形式以及建筑物之间的连接关系等,使其规划体系与方法更加科学和完善。②英国的民居建筑指标评价主要针对建筑的种类、建造年代、建筑师、建筑材料、平面风格、外观、内部、附加特征、历史或者著名事件及人物、特别信息、来源等。英国的民居建筑保护和利用评价体系增加了民居建筑的艺术价值，涉及艺术水平和技术水平与社会历史发展的联系。③德国的民居建筑主要对原始的外部环境、材料、空间、结构、建筑外墙和内部空间等内容进行了评价。④加拿大在关于历史建筑的实践中形成了"勘测、评估、决策"三部曲式的工作方法，由建筑师、历史学家、社会学家等多方面专家制定了较为系统的历史建筑评估标准以及一套较为系统的、适合加拿大自身情况的量化评估标准。

除此之外，在新建部分大胆创新，体现时代特征。考虑到节能节材，运用了构造与技术来提高建筑生态性能，改善了旧民居建筑内部物理环境和室内空气条件。并且考虑其象征意义，赋予建筑新的内涵。最后引入了城市整体空间景观的概念，很值得我们借鉴。

最后，20世纪70年代以来历史建筑领域还吸引了部分经济学家、历史学家、人类学家、社会学家进入该领域的研究，并逐渐开始运用以价值观为核心的评价方法。国际上一些权威的学术机构和专家学者也相继提出关于历史建筑的不同评价体系和分类方法，并作了大量理论与实践相结合的论证，如美国盖蒂保护研究所、英国学者费尔顿、奥地利学者阿洛伊斯·里格尔（Alois Riegl）等。

（2）建筑使用后评价（POE）

国外对POE的研究开始于20世纪60年代，其主要针对建筑在经过一段时间的使用后进行的评价，并以功能和日常使用等方面作为主要关注点，如空间利用、室内环境质量、建筑牢固性、舒适度等指标。历史建筑的再利用设计只作为一个独立的因素单独考虑，相关技术设施的评价的重点也在于建筑的功能满足度和用户影响方面。主要代表人物有：①普莱塞（Wolfgang Preiser），其代表作《使用后评价》一书中提出一套具有较强实用性的评价模式，并通过大量案例进行量化论证，此书在国际建筑评价领域具有重要影响。②齐姆林（Craig M.Zimring）从主、客观综合指标的角度提出了使用后评价（POE）整体性评价程序。③弗朗西斯卡托（G.Francescato）基于住户满意度提出了建筑使用后评价模型。

三、民居建筑评价体系的构建

民居建筑评价系统会随着时代的发展而变化，本章民居建筑评价系统构建主要通过以下两点来确定：（1）更新活化价值评价。通过对民居建筑的价值判断确认价值，结合

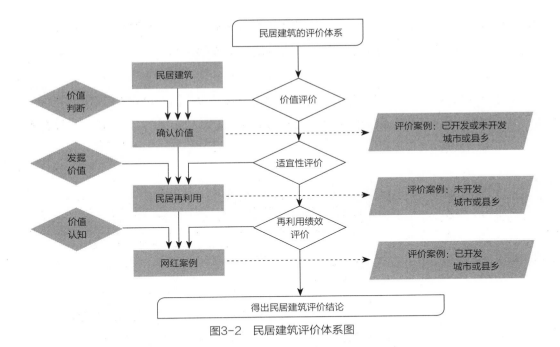

图3-2 民居建筑评价体系图

不同地域已开发或未开发的评价案例和其保护与利用评价体系进行研究。（2）再利用绩效评价。其是民居建筑价值确认和适应性评价工作完成后进行的再利用绩效评价，构建在不同的区域社会经济背景下的民居建筑再利用绩效评价（图3-2）。

四、民居建筑的活化更新价值评价指标

（一）民居建筑的活化更新价值评价指标

随着时代的进步，民居建筑的保护与利用价值评价指标的构建也应该不断发展，本书民居建筑的保护与利用价值评价指标的构建按照以下的方法来确定：

（1）确定评价体系的因素集；

（2）确定评价体系的因素权重；

（3）民居建筑的评价等级划分。

1. 确定评价体系的因素集

（1）预设评价因素集

民居建筑价值评价指标的评价因素是收集整理前人的研究成果，进行景观调查、筛选、分析处理得出的，我们已经对民居建筑价值评价指标的评价因素集作了总体分析。其中，评价因素的选取日益综合和全面，价值评价指标的范围包括民居建筑本身的价值、区位性、公众参与程度、保护利用措施和落实情况、社会经济措施和落实情况、历史建筑的再利用等因素，使民居建筑的综合价值更加具有科学性。

（2）确定评价因素

评价因素通过以下方法来研究：①问卷设置。评价因素问卷设置是传统问卷形式；②专家调查。调查对象为校内学者和相关部门从事民居建筑保护工作的人员；③数据统计；④得出结论（表3-1）。

民居建筑保护与利用的价值评价指标因素   表3-1

目标层	第一层	第二层	第三层
A 民居建筑保护评价体系的因素	B1客体因素	C1建筑遗产	D1历史建筑保护单位的原真性
			D2历史建筑原真性
			D3历史建筑的艺术价值度
		C2民居建筑街区	D4民居建筑街区整体风貌的完整性
			D5民居建筑街巷格局的完整性
			D6民居建筑街巷空间格局的审美价值度
		C3自然环境与景观质量	D7聚落与自然环境的和谐度
			D8历史建筑文化景观的艺术价值度
		C4历史信息沉积	D9历史名人与事件
			D10历史民居建筑的修建年代
		C5非物质文化遗产因素	D11民俗文化、传统戏剧、传统节日、传统手工艺等的传承度
		C6社区性	D12街区原住民的生活关系网络
	B2主体因素	C7区位性	D13民居所处空间区位性
			D14民居所处经济环境类型
		C8政府与管理机构因素	D15保护修复措施的实施性
			D16保护规划的完备性
			D17社会经济措施的有效性
		C9投资	D18城市产值与就业
			D19投资与回报
		C10市民公众因素	D20公众参与途径
			D21公众既得利益
			D22公众参与民居建筑保护利用发展的方向

2. 确定评价体系的因素权重

确定评价因素后，制定评价因素权重值调查问卷，采用专家调查法进行调查。对地区旅游局、文化局、园林、民俗等相关专家发出征询问卷。具体步骤如下（图3-3）：

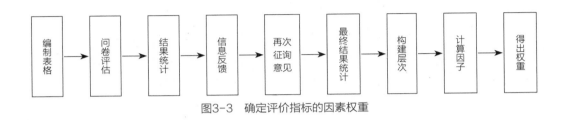

图3-3 确定评价指标的因素权重

第一，编制权重值调查表：对政府机关、旅游局、规划局、建设局和各大院校的民居建筑保护的专家学者，进行访问调查。所有调查对象在接受调查之前都在民居建筑的保护领域进行过一定程度的研究工作。

第二，受访者进行问卷评估：通过交流、电话、网络等方式邀请受访者进行问卷评估。

第三，第一轮结果统计：根据专家们给出的各个指标权数，分别计算其均值和标准差。我们对民居建筑评价体系各个因素判断值的每个层次计算几何平均数，为下一步进行铺垫。

第四，信息反馈：将所得的均值和标准差反馈给专家，要求专家再次提出修改建议或更改指标的建议，在此基础上重新确定权数。

第五，再次征询意见：将数据收回，统计第二轮受访者评价的结果，直到获得较为满意的结果为止。

第六，最终结果统计：专家评判平均数值要和步骤三的方法相仿，为下一步层次分析法做好铺垫。

第七，构建价值评价指标的层次结构，将复杂问题分解成不同属性的若干元素组，以形成不同层次的元素组。

第八，层次结构建立好后，与构建价值评价指标评价因素之间形成对比，并进行各个因素的权重计算。

第九，最后得到民居建筑保护与利用价值评价指标各因素的权重（表3-2）。

民居建筑保护利用的价值评价指标因素权重表 表3-2

评价因素	权重 （%）	评价因素	权重 （%）
D1历史建筑保护单位的原真性	3.0	D12街区原住民的生活关系网络	5.5
D2历史建筑原真性	2.1	D13民居所处空间区位性	2.7
D3历史建筑的艺术价值度	8.1	D14民居所处经济环境类型	3.1
D4民居建筑街区整体风貌的完整性	6.2	D15保护修复措施的实施性	3.5
D5民居建筑街巷格局的完整性	7.4	D16保护规划的完备性	4.2
D6民居建筑街巷空间格局的审美价值度	4.8	D17社会经济措施的有效性	5.5
D7聚落与自然环境的和谐度	4.5	D18城市产值与就业	4.7
D8历史建筑文化景观的艺术价值度	3.9	D19投资与回报	3.0
D9历史名人与事件	6.3	D20公众参与途径	3.0
D10历史民居建筑的修建年代	5.2	D21公众既得利益	2.0
D11民俗文化、传统戏剧、传统节日、传统手工艺等的传承度	5.5	D22公众参与民居建筑保护利用发展的方向	5.8

3. 民居建筑的评价等级划分

现存民居建筑的评价等级划分参考内容为：民居建筑的优秀程度；物质文化遗产的数量和质量；街巷空间和文化景观的价值；非物质文化遗产的数量和质量；管理机制的完整性；保护利用措施和公众参与程度等。

等级划分的评价标准分值就是D1～D22各个因素分数值的和。各个因素的满分为10分。因素分值的计算方法是各个因素的分数乘以它的权重。以其中D1因子为例，如果它得分为10分，则10×3%=0.3（分）。以此方法进行计算，最终得到其总分值。

根据等级评价要求，我们就可以对民居建筑的总体价值进行等级划分：分别分为优秀（9～10分）、优良（7～9分）、良好（4～7分）、一般（2～4分）、中下（1～2分）。

（二）民居建筑的活化更新价值评价案例

1. 评价对象：宁波市历史文化街区

宁波市月湖历史文化街区是宁波市现存最重要的历史文化街区，具有深厚的文化底蕴，保留了大量的历史文化遗产。2004年的《宁波市历史文化名城保护规划》和2005年的《宁波市城市紫线规划》划定了月湖历史文化街区的保护范围。2007年《月湖（西区）历史文化街区保护与更新详细规划》完成编制，对月湖历史文化街区偃月街以西片区的保护与发展制定了更加具体的规定。

本书在遵守上述指导规划原则的基础上对宁波月湖历史文化街区民居建筑的保护和评价标准进行了系统的构建，从而生成了民居建筑保护和利用的价值评价指标。

（1）数据来源

本次调研要完成的目标主要有：①取得本评价体系因素的参数；②专家评价团对民居建筑进行评价；③调研民居建筑的基本情况，包括生活状况、对民居建筑的认识和保护意识态度、当地的经济发展水平等；④访问民居建筑保护有关部门，了解他们在民居建筑保护中所做的工作；⑤收集相关文献资料和第一手资料。

（2）调研结果的数据统计表格与分析

以下为单因子D1的统计表格，计算方法为实地调研的分数值（满分为10分）×权重值，以下选取15份样本进行均值和众数计算（表3-3）。

浙江宁波月湖地区实地调研单因子D1统计表（分数值×权重）　　表3-3

样本	分数值	最终结果
a	7	0.21
b	5	0.15
c	4	0.12
d	3	0.09
e	5	0.15
f	6	0.18
g	7	0.21
h	6	0.18
i	7	0.21
j	5	0.15
k	4	0.12
l	3	0.09
m	6	0.18
n	7	0.21
o	7	0.21
均值	5.5	0.165
众数	7	0.21

由D1的均值和众数结果来看，众数比均值大，说明浙江宁波月湖地区的民居建筑保护单位的完整性和实际操作性较好。根据此计算方法，我们得出D1～D22各个因子的均值和众数见表3-4。

浙江宁波月湖地区民居建筑保护利用因素统计表   表3-4

因子	权重（%）	均值	众数	因子	权重（%）	均值	众数
D1	3.0	0.16	0.21	D12	5.5	0.29	0.25
D2	2.1	0.30	0.29	D13	2.7	0.30	0.29
D3	8.1	0.29	0.26	D14	3.1	0.34	0.35
D4	6.2	0.23	0.28	D15	3.5	0.21	0.27
D5	7.4	0.35	0.30	D16	4.2	0.26	0.25
D6	4.8	0.22	0.25	D17	5.5	0.35	0.36
D7	4.5	0.23	0.25	D18	4.7	0.23	0.29
D8	3.9	0.19	0.27	D19	3.0	0.24	0.25
D9	6.3	0.27	0.24	D20	3.0	0.30	0.27
D10	5.2	0.29	0.32	D21	2.0	0.29	0.25
D11	5.5	0.25	0.25	D22	5.8	0.23	0.25

2. 评价结果与分析

由各个因子的数值举例来看，D8权重值比较小，但其众数值为0.27，可以得出其历史文化景观的艺术价值较高。D22所占的权重较大，但其众数值为0.25，可以得出其公众参与民居建筑保护利用发展积极性不高。对上述表格各个因子的众数和进行计算，得出15份浙江宁波月湖马衙街以北区域的最终分值。

根据表格的最终分值和众数计算，我们得到了浙江宁波月湖马衙街以北区域的分值为6分，等级为良好。

根据历史资料和实地走访分析，浙江宁波月湖地区现存一定量的物质文化遗产，有部分代表性、典型性的民居建筑和历史街巷。但是自然景观、文化景观审美价值没有很好地得到保护，当地已制定的保护利用规划和措施落实不到位，保护利用资金比较缺乏，社会参与度不高，对民居建筑遗产保护利用意识不强。

从最终结果来看，用以上标准评价出的分数值和等级划分，与实际结果相吻合，比较科学。

五、民居建筑再利用适宜性评价

再利用适宜性评价的意义就在于探寻民居建筑自身隐藏着的未被完全开发挖掘的能力和可能性，借以ARP评价法和灰色关联分析法等方法建立评价模型提供决策依据，在原有建筑空间的基础上判断适宜其发展的再利用模式。本节旨在尝试建立一套民居建筑再利用适宜性评价的方法，在完善民居建筑整体评价体系的同时，与提质改造设计的决策实现良好对接。但由于研究时间有限和其他客观因素影响，未能对部分实证案例进行全面系统的论证。

民居建筑的改造再利用在一定意义上就是挖掘原有建筑的功能、空间、结构以及环境的可能性，通过进行诸如内部空间的功能置换，或对原有空间进行不同维度的划分与重组，从而满足新模式类型的使用要求。在对原有民居建筑再利用适宜性评定时，其模式类型与建筑结构和空间组织直接相关，因为再利用必然会受到原有结构的限制和制约，原有结构状况不同，应对的空间形态也不同，对民居建筑利用模式类型的影响制约也不尽相同。笔者总结归纳出几种常见的再利用模式类型：居住模式类型、博览馆模式类型、酒店模式类型、非物质文化遗产馆模式类型、咖啡馆模式类型以及其他综合模式类型。以前文的民居建筑价值评价体系为基础，确定不同民居建筑进行保护利用时功能置换、空间重组、结构改造、环境升级等多方面的再利用可能性，进而提出有针对性的再利用改造意向和模式类型指导。

在对以上六种不同模式类型进行判断和决策时，需要我们运用ARP评价方法或灰色分析法建立再利用适宜性评价模型。

1. ARP评价模式。学者克雷格·兰斯顿（Craig Langston）等专门针对建筑遗产再利用适宜性潜力的量化计算作了开创性的研究，提出了建筑遗产ARP评价与分级的概念模型。运用到民居建筑中，模型需要的基础数据有建筑的物理寿命以及现有寿命，同时还需要提供该建筑的物质、经济、功能、技术、社会以及法规等各方面"不适应"的具体量化指标。再通过一套运算法则将上述的量化指标进行数据分析处理，最终用百分比的形式来表述ARP的具体分值。通过这样的评价模式，较为科学地对民居建筑再利用适宜性的指标大小进行分档分级，进而确定改造策略以及模式类型。

2. 灰色关联分析法。对于两个系统之间的因素，其随时间或不同对象而变化的关联性大小的量度，称为关联度。在系统发展过程中，若两个因素变化的趋势具有一致性，即同步变化程度较高，即可谓二者关联程度较高；反之，则较低。因此，灰色关联分析方法，是根据因素之间发展趋势的相似或相异程度，亦即"灰色关联度"，作为

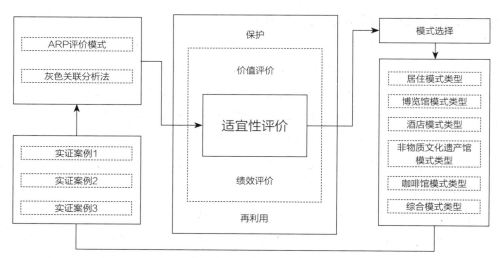

图3-4 再利用适宜性评价流程图

衡量因素间关联程度的一种方法。在运用到民居建筑再利用适宜性评价中，利用灰色系统理论中提出的各因子系统进行关联度的分析，通过一定的量化指标寻求各因子之间的数值关系并分析整理，从而为民居建筑改造升级的模式类型提供有力的决策依据（图3-4）。

民居建筑的再利用适宜性评价研究具有多方面的意义和价值。（1）投资运营方面：提高遗产所有者、投资者及专业人员选择的准确性和输出效率的同时以相对较小的消耗得到更有价值的空间环境，更有效地判断和实施民居建筑的适宜性改造。（2）城市风貌方面：有利于社会环境有限资源的可持续性利用，这些被保留以及改造的民居建筑被赋予新的功能而焕发新生，为城市区域的特有风貌及历史文脉带来了极强的延续性。（3）产业转型方面：当前城市正处于旧城功能结构的重构和转型阶段，民居建筑正成为旧城更新改造的重点和主要对象，再利用适宜性评价可以更好地为民居建筑产业转型和升级注入新的生机，重塑老旧街区的活力。

六、民居建筑再利用绩效评价研究

（一）民居建筑再利用的绩效评价指标

1. 再利用绩效评价指标的构建

民居建筑再利用绩效评价指在某民居建筑再利用工作完成并使用一段时间过后，对设计改造效果和项目影响力进行衡量和评判。故该评价属于"使用后评价"（POE），一方面它能通过评判历史建筑设计改造后的指标与权重，检查历史建筑再利用过程中设计改造方案的合理性，进一步提出更加准确和更具有针对性的完善措施；另一方面可以对现在已经实施的改造方案进行有效的评测，使经营者更好地利用改造优势成果进行商业策划和推广，并且通过问卷的形式对不同受众进行民意调查，归纳整理计算数据和反馈信息，形成民居建筑再利用绩效评价体系模式。

民居建筑再利用绩效评价指标的构建，立足于历史建筑保护改造落地之后。对原有历史建筑的特点和优势的利用程度、整体价值的挖掘深度、改造材料及建造方法的合理性与绿色性等问题进行考虑，打造适应性强、再利用率高的空间组织形态，尊重地域文化和建筑特点的同时，营造独特高品质的居住环境。笔者从历史价值、技术价值、艺术价值、文化价值和经济价值五个方面分析了民居建筑价值的表现（表3-5），从而构建再利用绩效评价指标。

民居建筑价值表现　　　　　　　　　　　　　　　表3-5

价值名称	释义
历史价值	一般而言，年代越久远，历史价值越高
技术价值	往往在建造上以其用材、建造技术、场地条件营造出建筑奇观
艺术价值	在时代审美的基础上，达到顶峰的代表，又或者是具有开创意义的代表
文化价值	代表着皇权文化、地域文化、宗教文化，是传统文化的物化载体和精神文献
经济价值	如民宿、酒店或旅游开发等，同时也有适宜的其他模式的再利用，如博物馆等

再利用绩效评价体系对各民居建筑价值表现进行分解定位，再分别以数值来衡量，获得评价指标，再利用层次分析法（AHP）[1]进行诠释，把它分为三个层次：第一是目标层（民居建筑再利用绩效评价），第二是准则层（经济效益提升、民居牢固性加强、民居历史性提升、艺术审美提高、城市或区域配置优化、文化延续力增强、景观风貌提升），第三是因子层（出租出售收益增加、建筑使用寿命延长、政府提高税收、城市居民和游客"打卡"、建筑空间结构优化等）（图3-5、表3-6）。

---

[1] 层次分析法（Analytic Hierarchy Process，简称AHP）是将与决策总是有关的元素分解成目标、准则、指标等层次，在此基础之上进行定性和定量分析的决策方法。

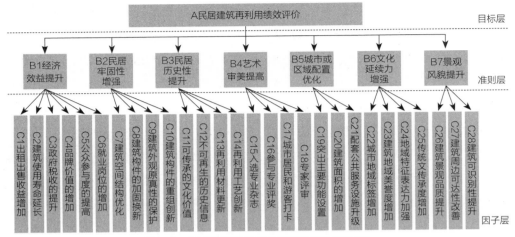

图3-5　民居建筑再利用绩效评价指标层级图

民居建筑再利用绩效评价准则层指标释义　　　　　表3-6

名称	释义
B1经济效益提升	对于历史建筑来说，经济效益提升不能等同于一般企业投资建设项目，它往往伴随一定的社会效益。除建筑本身使用寿命延长、增加出租出售收益和节能改造所带来的支出差额收益外，还有改善城市容貌、提升政府税收等作用
B2民居牢固性增强	对于历史建筑再利用项目来讲，在改造方案设计之初就要对建筑的牢固性进行安全评定，使建筑师在改造过程中充分考虑到建筑空间结构和建筑构件的牢固程度的同时，注重历史建筑外观原真性的保护。这也成为再利用绩效评价的准则之一
B3民居历史性的提升	历史性的提升对于民居建筑再利用项目来讲是必不可少的，从再利用的保护内容到可传承的文化价值再到不可再生的历史信息都从材料、工艺等处得以体现，并作为再利用绩效评价的准则之一
B4艺术审美提高	民居建筑的建筑艺术审美不仅体现在建筑师的改造方案中，更多的在于建筑本身留存的艺术，如浮雕、木雕艺术等。民居建筑改造后艺术审美的提升程度需要从再利用后的游客"打卡"量、专家评审和入选专业杂志等方面进行体现，从而进行量化评价
B5城市或区域配置优化	其对于A1社会效益有补充作用，例如关于就业岗位、公共服务设施以及建筑公共面积等方面的增加等
B6文化延续力增强	文化延续力的增强对于民居建筑再利用来说尤其重要，其主要承载着历史建筑非物质层面内涵，以建筑装饰、景观设置作为载体，体现历史建筑独有的文化魅力
B7景观风貌提升	景观风貌改造是民居建筑再利用的重要组成部分，通过其建筑周边可达性、绿色材料使用率以及景观可识别性等方面进行量化评价

2. 再利用绩效评价指标的权重计算

民居建筑绩效评价指标构建后，采用两两对比的方式对各个影响因子进行比较，并将各影响因子的相对重要性赋予适当的标度数值，建立A，B1，B2，B3……B7的判断矩阵。本章采用1~9数值的标度aji进行量化（表3-7）。民居建筑再利用绩效评价指标具体权重计算方法，参考《系统工程》一书。表3-8~表3-16为准则层和因子层各指标的判断矩阵以及权重计算结果。

判断矩阵标度及其含义　　　　　　　　表3-7

标度	含义
1	表示纵向横向两个因素相比，具有同等重要性
2	1、3两相邻判断的中值
3	表示纵向横向两个因素相比，一个因素比另一个因素稍微重要
4	3、5两相邻判断的中值
5	表示纵向横向两个因素相比，一个因素比另一个因素明显重要
6	5、7两相邻判断的中值
7	表示纵向横向两个因素相比，一个因素比另一个因素强烈重要
8	7、9两相邻判断的中值
9	表示纵向横向两个因素相比，一个因素比另一个因素极端重要
倒数	因素i与j比较的判断aij，则因素j与i比较的判断aji=1/aij

民居建筑准则层判断矩阵及其权重结果　　　　　　表3-8

A民居建筑再利用绩效评价	B1社会经济效益提升	B2民居牢固性增强	B3民居历史性提升	B4艺术审美提高	B5城市或区域配置优化	B6文化延续力增强	B7景观风貌提升	权重
B1社会经济效益提升	1.0000	3.0000	0.3333	4.0000	0.3333	3.0000	6.0000	0.2155
B2民居牢固性增强	0.3333	1.0000	0.5000	3.0000	4.0000	3.0000	0.2000	0.1404
B3民居历史性提升	3.0000	2.0000	1.0000	0.2500	5.0000	0.2500	6.0000	0.1934
B4艺术审美提高	0.2500	0.3333	4.0000	1.0000	0.3333	4.0000	0.3333	0.1042

A民居建筑再利用绩效评价	B1社会经济效益提升	B2民居牢固性增强	B3民居历史性提升	B4艺术审美提高	B5城市或区域配置优化	B6文化延续力增强	B7景观风貌提升	权重
B5城市或区域配置优化	3.0000	0.2500	0.2000	3.0000	1.0000	0.5000	0.2500	0.0907
B6文化延续力增强	0.3333	0.3333	4.0000	0.2500	2.0000	1.0000	5.0000	0.1389
B7景观风貌提升	0.1667	5.0000	0.1667	3.0000	4.0000	0.2000	1.0000	0.1170

B1社会经济效益提升判断矩阵及其权重结果　　表3-9

B1社会经济效益提升	C1出租出售收益增加	C2建筑使用寿命延长	C3政府税收的提升	C4品牌价值的增加	C5公众（居民、游客）参与度的提高	C6就业岗位的增加	权重
C1出租出售收益增加	1.0000	3.0000	0.5000	0.5000	5.0000	3.0000	0.2363
C2建筑使用寿命延长	0.3333	1.0000	6.0000	4.0000	0.2000	4.0000	0.2151
C3政府税收的提升	2.0000	0.1667	1.0000	3.0000	0.3333	0.2000	0.1005
C4品牌价值的增加	2.0000	0.2500	0.3333	1.0000	4.0000	0.5000	0.1315
C5公众（居民、游客）参与度的提高	0.2000	5.0000	3.0000	0.2500	1.0000	6.0000	0.2029
C6就业岗位的增加	0.3333	0.2500	5.0000	2.0000	0.1667	1.0000	0.1136

B2民居牢固性增强判断矩阵及其权重结果　　表3-10

B2民居牢固性增强	C7建筑空间结构的优化	C8建筑构件的加固换新	C9建筑外观原真性的保护	C10建筑构件的重组创新	权重
C7建筑空间结构的优化	1.0000	3.0000	2.0000	1.0000	0.3723
C8建筑构件的加固换新	0.3333	1.0000	1.0000	2.0000	0.2379

B2民居牢固性增强	C7建筑空间结构的优化	C8建筑构件的加固换新	C9建筑外观原真性的保护	C10建筑构件的重组创新	权重
C9建筑外观原真性的保护	0.5000	1.0000	1.0000	3.0000	0.2379
C10建筑构件的重组创新	1.0000	0.5000	0.3333	1.0000	0.1520

B3民居历史性提升判断矩阵及其权重结果　　　　　表3-11

B3民居历史性提升	C11可传承的文化价值	C12不可再生的历史信息	C13再利用材料更新	C14再利用工艺创新	权重
C11可传承的文化价值	1.0000	3.0000	1.0000	4.0000	0.3441
C12不可再生的历史信息	0.3333	1.0000	1.0000	3.0000	0.2615
C13再利用材料更新	1.0000	1.0000	1.0000	5.0000	0.2615
C14再利用工艺创新	0.2500	0.3333	0.2000	1.0000	0.1329

B4艺术审美提高判断矩阵及其权重结果　　　　　表3-12

B4艺术审美提高	C15入选专业杂志	C16参与专业评奖	C17城市居民和游客打卡	C18专家评审	权重
C15入选专业杂志	1.0000	5.0000	2.0000	4.0000	0.4083
C16参与专业评奖	0.2000	1.0000	1.0000	3.0000	0.2296
C17城市居民和游客打卡	0.5000	1.0000	1.0000	3.0000	0.2296
C18专家评审	0.2500	0.3333	0.3333	1.0000	0.1325

B5城市或区域配置优化判断矩阵及其权重结果　　　　　表3-13

B5城市或区域配置优化	C19突出主要功能设置	C20建筑面积的增加	C21配套公共服务设施升级	权重
C19突出主要功能设置	1.0000	1.0000	2.0000	0.46382
C20建筑面积的增加	1.0000	1.0000	3.0000	0.28093
C21配套公共服务设施的升级	0.5000	0.3333	1.0000	0.25525

B6文化延续力的增强判断矩阵及其权重结果　　　　　　表3-14

B6文化延续力增强	C22城市地域标签增加	C23地域美誉度增加	C24地域特征表达力加强	C25传统文化传承度增加	权重
C22城市地域标签增加	1.0000	3.0000	3.0000	2.0000	0.3830
C23地域美誉度增加	0.3333	1.0000	2.0000	1.0000	0.2630
C24地域特征表达力加强	0.3333	0.5000	1.0000	3.0000	0.1860
C25传统文化传承度增加	0.5000	1.0000	0.3333	1.0000	0.1680

B7景观风貌的提升判断矩阵及其权重结果　　　　　　表3-15

B7景观风貌提升	C26建筑景观品质提升	C27建筑周边可达性改善	C28建筑可识别性提升	权重
C26建筑景观品质提升	1.0000	3.0000	1.0000	0.4638
C27建筑周边可达性改善	0.3333	1.0000	2.0000	0.2809
C28建筑可识别性提升	1.0000	0.5000	1.0000	0.2553

民居建筑绩效评价指标的权重计算结果　　　　　　表3-16

目标层	准则层	因子层	综合权重
民居建筑再利用绩效评价　A1.0000	B1经济效益提升 0.2155	C1出租出售收益增加0.2363	0.0508
		C2建筑使用寿命延长0.2151	0.0464
		C3政府税收的提升0.1005	0.0217
		C4品牌价值的增加0.1315	0.0283
		C5公众（居民、游客）参与度的提高0.2029	0.0437
		C6就业岗位的增加0.1136	0.0245
	B2民居牢固性增强 0.1404	C7建筑空间结构优化0.3723	0.0523
		C8建筑构件加固换新0.2379	0.0334
		C9建筑外观原真性保护0.2379	0.0334
		C10建筑构件的重组创新0.1520	0.0213
	B3民居历史性提升 0.1934	C11可传承的文化价值0.3441	0.0665
		C12不可再生的历史信息0.2615	0.0506
		C13再利用材料更新0.2615	0.0506
		C14再利用工艺创新0.1329	0.0257

目标层	准则层	因子层	综合权重
民居建筑再利用绩效评价 A1.0000	B4艺术审美提高 0.1042	C15入选专业杂志0.4083	0.0425
		C16参与专业评奖0.2296	0.0239
		C17城市居民和游客打卡0.2296	0.0239
		C18专家评审0.1325	0.0138
	B5城市或区域配置优化 0.0907	C19突出主要功能设置0.4638	0.0421
		C20建筑面积的增加0.2809	0.0255
		C21配套公共服务设施升级0.2553	0.0232
	B6文化延续力增强 0.1389	C22城市地域标签增加0.3830	0.0532
		C23建筑地域美誉度增加0.2630	0.0365
		C24地域特征表达力加强0.1860	0.0258
		C25传统文化传承度增加0.1680	0.0233
	B7景观风貌提升 0.1170	C26建筑景观品质提升0.4638	0.0543
		C27建筑周边可达性改善0.2809	0.0329
		C28建筑可识别性提升0.2553	0.0299

图3-6为准则层权重分布图，以最终计算出的指标权重看，首先准则层中B1经济效益的提升绩效和B3民居历史性的提升绩效的指标权重占比最大，分别占到0.2155、0.1934。可见对于民居建筑再利用来讲，由于经济效益的提升获得准则层的最高权重赋值显得尤其重要，对建筑本体而言，其历史性传承度也作为重要体现。其次是B2民居牢固性的提升绩效，权重值为0.1404，说明民居建筑再利用项目对于建筑牢固属性的重要程度仅次于经济效益及历史性，在整体重要程度中排第三位。再次是B6文化延续力的增加和B7景观风貌的提升绩效，权重值分别为0.1389、0.1170，符合当代人们对于历史建筑的文化属性需求以及对于建筑外部环境完整的体验。

B1经济效益提升绩效下的因子层中，C1出租出售收益增加所占比重最大，占到B1权重值的0.2363，其次是C2建筑使用寿命延长（0.2151）和C5公众（居民、游客）参与度的提高（0.2029）也相对重要，C3政府税收的提升（0.1005）和C6就业岗位的增加（0.1136）所占权重值相差无几。可见对于民居建筑再利用的经济效益而言，直接经济价值最为重要，间接经济价值次之。

B2民居牢固性增强绩效的因子层指标中，C7建筑空间结构优化（0.3723）占到的比

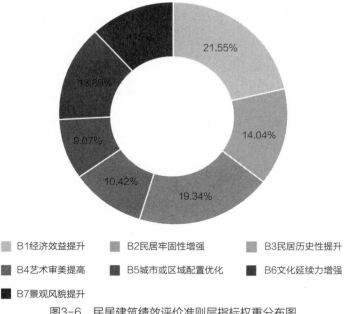

图3-6　民居建筑绩效评价准则层指标权重分布图

图例：
- B1经济效益提升
- B2民居牢固性增强
- B3民居历史性提升
- B4艺术审美提高
- B5城市或区域配置优化
- B6文化延续力增强
- B7景观风貌提升

重最大，其次是C8建筑构件的加固换新和C9建筑外观原真性的保护，都为0.2379。说明在民居再利用过程中，建筑结构、构建优化以及外观保护较为重要。

B3民居历史性提升绩效的因子层指标中，权重值最大的是C11可传承的文化价值（0.3441），其次同等比重的是C12不可再生的历史信息和C13再利用材料更新，权重值为0.2615。充分说明对于民居建筑再利用项目而言，文化价值的传承具有重要意义。

B4艺术审美提高绩效的因子层指标中，权重值最大的是C15入选专业杂志（0.4083），而C16参与专业评奖和C17城市居民和游客打卡的权重值都为0.2296。可以看出民居建筑的再利用对专业的要求很高，获奖与否是评判艺术审美高低的重要表现因素之一。

在B5城市或区域配置优化绩效下的因子层指标中，C19突出主要功能设置所占权重值达到了0.4638。因此，突出功能设置成为城市或区域配置优化的主要内容。

B6文化延续力增强绩效的因子层指标中，C22城市地域标签增加（0.3830）占B6权重值比重最大，可见民居再利用项目是否能有较强的文化延续力与该项目是否为城市地域标签有较强的联系。

B7景观风貌提升绩效的因子层指标中，C26建筑景观品质提升（0.4638）占B7权重值比例最大，是该准则层的重要因子指标。

3. 再利用绩效评价指标的量化

想要对民居建筑再利用的绩效评价指标进行量化衡量，评价28个指标因子的分值高低，就要结合案例调研的实际情况并且设置评分标准。

在此过程中需要对28项指标因子设置评价内容和编写调查问卷，本章把民居建筑再利用的绩效评价问卷调查设置为10分满分，共五个级别，每两分为一级。依据民居建筑课题的属性和已有的相关研究，问卷调查样本的数量和受访对象的年龄、学历、工作的比例分配都是所要考虑的条件。不仅如此，受访者还应满足一个基本条件，即了解民居建筑的基本知识或熟悉民居建筑的基本情况。本章把受访对象分为4种类型（表3-17）。

民居建筑评价指标量化问卷受访对象表　　　　　　表3-17

评价受访者	受访对象类型	受访对象学历、职业
评价受访者1	民居建筑专家	硕士、博士
评价受访者2	民居建筑从业人员	硕士、建筑师、工程师
评价受访者3	相关专业学生	本科生、硕士生
评价受访者4	居民	工人、经营者、退休老人

（二）民居建筑再利用绩效评价实证案例

1. 评价对象：云锦城公馆 & 崇宁堡酒店

以平遥古城云锦城院落改造、灵石王家大院崇宁堡改造落地项目为例（表3-18），对其进行再利用绩效评价研究。

平遥古城云锦城院落代表了县城最核心地理区位的一般性历史民居建筑改造再利用案例。该建筑遗产始建于清中晚期，属传统四合院前店后院的民居建筑。这类建筑的历史文化价值与文物保护建筑存在一定的差距，但是其建筑结构及装饰特点仍旧能够代表特定历史时期的特点和文化。

灵石王家大院崇宁堡代表了乡村地理区位中具有优厚历史建筑条件并且非常有改造潜力的文化保护遗产建筑。这类历史建筑没有最核心的地理区位条件，但是其留存的建筑结构有较强的再生空间。灵石王家大院崇宁堡就是在原有旧历史建筑群的基础上保持原有的空间形式，考虑改造后建筑的功能需求并结合现代的设计语言改造而来。

评价对象概况　　　　　　　表3-18

名称	改造项目一	改造项目二	名称	改造项目一	改造项目二
项目地址	平遥县西大街56号云锦成	灵石王家大院崇宁堡	改造造价	1200万元	4亿元
始建年代	清中晚期	清雍正二年（1724年）	改后平面图		
改前面积	4000m²	40000m²			
结构类型	单双层砖木	单双层砖混木			
空间特征	四合院落	中轴对称四合院落群			
区位环境	古街商业中心	景区核心地带	项目图片		
改造时间	2006年	2010年			
改后功能	民宿酒店	度假酒店			

2. 评价结果与分析

依据云锦城公馆和崇宁堡酒店的调查问卷得分计算出各因子指标分值，并得出其最终再利用绩效评价结果（表3-19）。综合来看，两案例的再利用绩效评价等级均为良好，但也有一定的不足之处，比如其本身属于较有文化底蕴的历史建筑，致使再利用的过程中文化的延续力得分不会太高。再是对于改造项目综合而言，过于注重建筑本身的改造而忽略了院落及周边的景观风貌的提升等。

评价对象再利用绩效评价分析表　　　　　　表3-19

评价对象	准则层雷达图	准则层指标得分	评价结果与评价表现
云锦城公馆		B1经济效益提升3.312	再利用绩效评价为9.457。云锦城公馆再利用绩效表现为各项指标分值较高，图像表现十分饱满。作为历史建筑，应注意院落及周边景观的处理
		B2民居牢固性增强1.198	
		B3民居历史性提升2.735	
		B4艺术审美提高0.758	
		B5城市或区域配置优化0.550	
		B6文化延续力增强0.545	
		B7景观风貌提升0.359	

民居建筑的评价体系与保护更新—

64

评价对象	准则层雷达图	准则层指标得分	评价结果与评价表现
崇宁堡酒店		B1经济效益提升3.411	再利用绩效评价为9.035。崇宁堡酒店再利用绩效评价较高分值表现在经济效益和建筑牢固性方面，其余方面表现还有待提高
		B2民居牢固性增强1.078	
		B3民居历史性提升2.588	
		B4艺术审美提高0.641	
		B5城市或区域配置优化0.531	
		B6文化延续力增强0.475	
		B7景观风貌提升0.311	

在对云锦成公馆此类县城中心区位的民居建筑进行再利用改造时，应该更加关注文化延续力提升和艺术审美的提升。文化延续提升的重要性尤为关键，原本的历史建筑样貌存在着使用功能缺陷、建筑材料老旧及空间利用率低下等问题，必须通过再利用改造设计提升建筑的牢固性和艺术审美，进一步满足现代人居环境的要求。在对崇宁堡酒店此类乡村区位的民居建筑进行再利用改造时，应该尤其关注经济效益提升和城市或区域配置提升。总而言之，对民居建筑再利用项目而言，绩效评价的影响因素按照重要程度排在首位的是经济效益提升以及民居历史性提升，其次是对于民居牢固性的加强等，这在历史建筑的再利用项目中应成为重要的考量因素。

本章是关于对民居建筑综合评价的研究，首先阐述了综合评价的含义与特点，并分析了为什么作此评价。其次，在对民居建筑进行评价的过程中，在对其现状调研的基础上进行进一步的更新活化价值评价和再利用绩效评价。

更新活化的价值评价研究用一个统一的标准去衡量民居建筑的价值，而且把保护措施、民居建筑可利用性、社会经济措施和公众参与等评价因子纳入评价范围。除此之外，总结前人评价体系的评价因素集，在此基础上增加一些符合民居建筑综合价值的评价因素，进一步完善评价因素集。另外，本研究打破之前评价体系主客观评价因素混用的方式，把评价因素分成客观评价因素和主观评价因素，使评价体系更科学。

再利用绩效评价研究是民居建筑评价系统的重要组成部分。运用层次分析法将其各因子层指标量化，并构建其评价体系的过程是立足在对当地居民的调查以及专业人士对民居建筑的见解之上，过程清晰。在已有研究的基础上，未来对于民居建筑的利用模式和评价研究还应该运用多种方法对评价因素进行量化研究，进一步保证其科学性，实现对民居建筑再利用项目指导的现实意义。而怎样权衡主客观条件构建更加科学的民居建筑评价系统成为今后研究的重要支点。

本评价系统的调研范围和调研的深度有限，再加上时间和精力有限，因此有些地区的调研深度不够，可能出现偏差的问题。本研究评价体系受到评价因子选择、评价体系建立者的知识水平以及专家评价团队的水平限制。虽然主观评价因素已经量化成若干个等级，但是难以保证每个评价专家打分时能百分之百按照等级划分规定进行，专家所打的分数会受到他们思想中固有观念的影响，从而带有某种程度上的主观性。

此评价系统还需要从以下几方面继续深入研究。评价体系的评价因素的内容及其权重仍需深入研究。选择国内有代表性的民居建筑作为重点调研的对象；借助多种方法量化评价因素，但这些方法的应用还需要进一步研究，以保证它们在评价体系中的正确使用。

第四章

民居建筑的数字化保护与
更新数据库建设

本章对山西部分民居建筑的价值、基础数据进行统计分析，归纳整理了10个山西民居建筑基础数据：平遥云锦成、王家大院崇宁堡、太原王公馆、太谷曹家大院、临县碛口古镇、灵石静升镇、代县阳明堡镇、襄汾丁村民宅、沁水柳氏民居和榆次常家庄园。收集各个历史时期的影像资料、航片、地形测绘数据、价值评价指标数据和单体建筑三维模型，通过对其整理分类进行分析，建设山西民居建筑数据库平台（图4-1）。

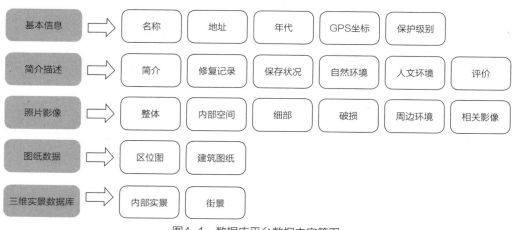

图4-1　数据库平台数据内容简图

一、山西民居建筑数据库基础

（一）山西民居建筑数据库建设背景

人们通过历史，明白了城市与资本是经过漫长的历程所积累形成并完善的。民居建筑是城市和文化的载体，它们延续了城市的文脉，是城市发展的历史见证，而且蕴含着丰富的传统文化和地域文化，有些还结合外来文化。因此，民居建筑的形式、色彩等方面具有丰富的历史、科学、艺术、文化、审美和情感等价值。通过对它们的研究，可以以史为鉴，反思现代城市建筑风貌中的不足，协调新老建筑之间的关系，从而形成良好的城市历史风貌。民居建筑是历史文化遗产的重要组成部分，同时也是城市不可缺失的文化资源。因此，民居建筑受到世界各国越来越广泛的关注，联合国针对遗产文化的保护相继出台了《世界遗产资源系列手册》和《世界遗产公约》等。

随着城市化进程的加快，传统形式的民居已经开始渐渐退出城市的发展。历史民居建筑已经远远不能满足人们的物质、文化和生活需求，人们逐渐迁出历史民居，但是历史民居无人居住，缺乏修缮，会加速房屋结构的破坏。然而，这些问题需要数据库的整理，来对这些破损、无人管辖的历史民居进行统计。通过数据库的建设，使这些民居建筑更加规范化、法制化；同时，构建行之有效的实施保护措施，才能达到最终的保护目的。

本章数据库建设中选取了山西民居建筑的相关数据信息。据统计，山西省境内保存基本完整的晋商聚落民居建筑大约有1000多处，数据库建设需要进行详细的资料收集，但是由于客观原因，本部分研究只选取了10处山西民居建筑进行数据库的建设。

（二）山西民居建筑数据库工作内容与需求分析

数据库数据形式是以文字、图片、视频、三维模型、卫星图片、三维实景地图等为保护民居建筑提供数据基础。保护规划的研究内容包括：保护建筑的本体认定，保护建筑综合评估标准系统，保护建筑修缮工程的技术要求与控制规范，保护建筑和社会经济发展协调与共进的途径，保护规划实施可行性与支撑体系，遗产建筑保护措施的实施途径与实施对策，遗产建筑展示规划与保护与修复的研究。以上工作内容如果有数据库完整的数据支撑，会使保护规划工作更加顺利。

三维实景地图，是以三维电子地图数据库为基础，按照一定比例对现实世界或其中一部分的三维、地形、地貌、地物等进行抽象的描述。三维电子地图可以通过直观的地理实景模拟表现方式，为用户提供地图查询、出行导航等地图检索功能，同时集成生活资讯、电子政务、电子商务、虚拟社区、出行导航等一系列服务。结合发展迅速的网络通信技术、丰富的计算机网络资源、网络拓扑技术和数据库管理系统对民居建筑实体的坐标进行三维建模，并且基于GIS系统处理、WEB技术、计算机图形学、三维信息集成技术和虚拟现实技术所实现（图4-2）。

结合卫星遥感影像，采用无人机搭载多角度实拍航测，实现多维场景的数据集合，通过多组图形工作站实现三维建模、曲面贴图、搭载应用数据的核心技术环节。三维实景地图高度还原真实世界，现实效果细腻逼真，数据量丰富，可360度呈现，能实时标注，可任意量测各要素的长度、宽度、高程、面积、体积等数据，能最大限度地满足各类基于地图数据支撑的安全管理需求（图4-3）。在工作周期方面，以建成区100km²的中等城市为例，常规使用4组无人机连续采集数据，并使用10组图形工作站不间断运行，80天可以生成300DPI分辨率的三维实景地图（图4-4）。

三维实景地图功能性强，可以随意测量、坐标数据，色彩还原度高，影像高保真，测量精度高，成图速度快。三维实景地图以国家发布的标准电子地图数据库为基础，利

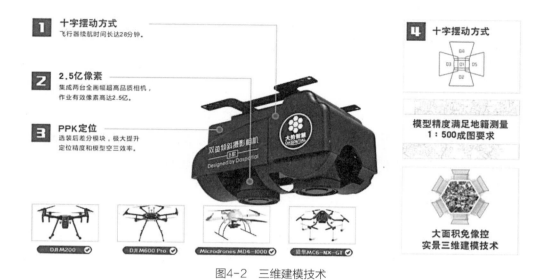

图4-2　三维建模技术

图4-3　三维实景建模功能

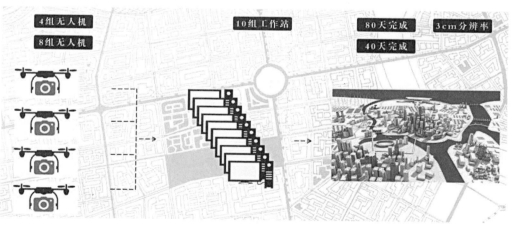

图4-4　三维实景地图工作周期

用无人机搭载专用航测仪,通过多角度传感器,采用倾斜摄影技术手段,获取海量地形影像数据,并快速对地形、地物、地貌等对象进行高分辨率、高精度的三维重建,最终成图。可以说,实景三维地图已经成为信息时代的城市基础地图。

山西民居建筑群是由一个一个单体建筑组成,山西历史民居建筑修缮工作需要对建筑单体的历史信息、建筑特征、历史价值等数据进行收集,建设数据库平台是使这些数据最安全且可以方便使用的重要平台。

基于民居建筑的价值评价指标,需要对山西民居建筑的历史、技术、艺术等数据信息进行大量收集整理,完整的数据库可以随时查询数据信息,使保护规划工作更加有序地进行。对山西民居建筑进行数据库的建设,数据收集整理工作应该在保护规划工作之前完成,这样可以为保护规划工作提供历史信息和科学的指导,防止走弯路。

(三)山西民居建筑数据库建设可行性

自本课题研究开始,已经收集了10个山西历史民居中具有代表性的档案数据,档案数据包括建筑的基本信息。

进行了长期的调研工作,调研采集了10个山西民居遗产建筑GPS经纬度信息、历史概况、三维地图、相关影像等信息,将这些基本信息数据进行详细的收集整理。

现场调研是数据准备前期的重要内容,根据项目特点,制定了一套具有适应性的调研表格,以便建立山西民居建筑信息库,为规划以及今后的保护、修缮工作提供最为翔实的基础资料。调研前邀请专家向调研团队成员讲授山西民居历史文化,普及建筑知识、调研事项。山西民居建筑存量庞大,为使调研团队成员适应调研的高强度要求,应以更专业的视角审视评价,真实有效地记录调研信息,深入认知保护对象的价值。

调研共走访10个地方的历史民居,编制调研表格,对建筑本体以及周边环境进行全面的调研,配合调研照片,形成能够反映建筑各类信息的基础资料汇编。在调研的过程中我们利用了无人机进行了航拍,也为后续的规划提供了最直接的资料。调研后建立了本次项目的统一工作平台——山西民居建筑数据共享中心。共享中心内容由基础资料、调研资料、过程文件、成果文件四大板块组成,每个板块根据需要将内容进行单独罗列。

对山西民居建筑不断地进行搜集、认定,并随时开展实地调研,不断收录新的需要保护的民居建筑。对建筑数量与分布进行统计,对调研中发现的错点、疑似点进行统计。对表格、基础资料进行调整,利用excel对相关问题进行汇总,形成基础信息一览表、统计表。在这些准备工作的基础上,与数据平台配合完成数据库初期的建设。

二、山西民居建筑数据库设计解析

（一）山西民居建筑数据库内容解析

1. 数据库数据对象认定方式

山西民居建筑认定遵循现行法律法规的文物认定原则，参考世界文化遗产有关文件中定性、定义的一般规律，依据山西民居建筑的时代特征、建（构）筑物的空间分布、原有功能、现存状态等要素，总结山西民居建筑构成认定，其原则条件为：已经冠名为全国文物保护单位，省级文物保护单位，历史文化名城、名镇、名街，依据该条件选取了以下10个具有一定文物价值的山西民居建筑进行信息数据分析整理：平遥云锦成、王家大院崇宁堡、太原王公馆、太谷曹家大院、临县碛口古镇、灵石静升镇、代县阳明堡镇、襄汾丁村民宅、沁水柳氏民居和榆次常家庄园。

2. 山西民居建筑信息的甄别

数据库中收录的信息首先应该是真实无误的，要得到真实可靠、有价值的信息可以按照以下四个方法核实。

（1）实地取材

所收录的信息是源自收集者在实地勘察调研文物建筑时收集得到的，主要包括：照片、测绘图、三维扫描信息等，是最真实的第一手资料。

（2）官方资料

所收录的信息是从古至今官方对文物建筑相关信息的记载，主要包括：府志、县志、地图、官方发布的文物信息、旅游信息等，这些信息发布之前大多是通过官方核实的，是最具权威性的资料。

（3）专家成果

所收录的信息是相关领域专家通过对文物建筑研究考证后所发表的研究成果，主要包括：著作、论文、报告等，是有一定权威性、有较高价值的资料。

（4）多方验证

所收录的信息是在不同平台上都提及的并经过多种渠道验证，主要包括：汇编、网络信息等，是较为准确的、具有一定价值的资料。

3. 数据库数据侧重建筑的价值信息分析

（1）平遥云锦成。平遥古城作为世界文化遗产是以其完整的明清城镇历史风貌著称。明清城墙、街巷布局、市井民居都是平遥古城不可或缺的组成部分。这些历史民居承载了平遥古城的历史与记忆。平遥在历史上就以其商帮著称，平遥的票号、钱庄、镖

局曾经是历史上富甲一方的商号。这些
商贾为我们今天的平遥留下了许多保护
较为完善的院落，如云锦成（图4-5）。

平遥云锦成建于明清中晚期，是明
清晋商的豪门老宅，宅院及"云锦成"
商号都拥有300年历史，属传统四合院、
前店后院的民居建筑。重新开发定位的
五星级标准的民俗客栈，以晋商文化为
根基，重现晋商宅院雍容内敛、沉穆雄

图4-5　平遥云锦成

浑的气派。云锦成民居建筑的修缮和改造遵循了原真性原则，在空间改造时体现了对文
化遗产保护的观念，将云锦成改造成以商业为主导的文化体验旅游的产业模式，更好地
发展了当地经济，同时将民族文化以体验旅游的形式与空间使用者形成一种互动，将传
统文化传承下来。

（2）王家大院崇宁堡。崇宁堡位于山西省灵石县城北12公里的静升镇，地处晋中盆
地边缘风景秀美的绵山脚下，东侧紧邻世界文化遗产王家大院，是静升八堡之中修建最
早的一个，始建于清雍正三年（1725年），建成于雍正六年（1728年）。2002年后做过
一次修缮，2010年为了提高文化旅游配套服务的水平，对规划、景观、建筑、室内完成
了一次系统的开发设计，让民居建筑再生，让文化得以传承（图4-6）。

（3）太原王公馆。王公馆是位于太原市北部杏花岭区西华门街六号的民居建筑，建
于民国，是非文物保护的民居建筑，在历史上是私人住宅，中华人民共和国成立后划归
国有单位使用（图4-7）。

（4）太谷曹家大院。曹家大院被誉为"中华民宅之奇葩"，整体建筑风格古色古香，
中外汇通，雄伟高大且独具匠心的建筑营造方式彰显了东方建筑师的智慧（图4-8）。

图4-6　王家大院崇宁堡

图4-7　太原王公馆

图4-8　太谷曹家大院　　　　　　　　　　　图4-9　临县碛口古镇

此外，其严谨的"寿"字格局，显示出晋商巨富内心的中国传统文化观念。因此，该建筑群落具有很高的学术及文化研究价值。

（5）临县碛口古镇。临县碛口古镇作为明清至民国时期晋商的"西大门"，有着悠久的历史、独特的格局，民居建筑具有淳朴的艺术风格和魅力（图4-9）。2005年9月，中国古村镇保护与发展国际研讨会在临县碛口镇召开，作为本次研讨会的一个重要成果，与会议专家学者共同签署发表了《中国古村镇保护与发展碛口宣言》，这是中国关于古村镇保护与发展的首个纲领性文件。会议期间，原国家建设部和国家文物局公布了全国第二批历史文化名镇（村）名单，临县碛口镇被列入其中。

（6）灵石静升镇。灵石静升镇位于山西省灵石县，坐落在风景秀美的绵山脚下，依山傍水，一条大街横贯东西，九沟、八堡、十八街巷散布于北山之麓。1995年灵石县静升镇启动王家大院修复工程，1997年8月18日，正式对外开放。2002年初王家大院被评为国家AAAA级旅游景区。2003年，被原国家建设部和国家文物局联合公布为中国首批历史文化名镇，并位居榜首。同年又被建设部确定为首批全国重点小城镇之一。2006年被国务院列为全国重点文物保护单位，同年列入中国世界文化遗产预备名单。之后荣获"山西省环境优美乡镇""山西省特色景观旅游名镇""山西省新农村致富技术培训百强乡镇""山西省百万农民健身活动先进乡镇"等荣誉称号。2010年3月，被国家住房和城乡建设部、国家旅游局联合公布为全国特色景观旅游名镇（图4-10）。

（7）代县阳明堡镇。山西省代县阳明堡镇是一个具有悠久历史的古镇，蕴含着深厚的军事文化和商业文化底蕴，在历史上是雁门关防御体系中的一个重要环节，因军事堡垒而著称。与此同时，阳明堡镇又是晋北商业区中的贸易集镇之一，是晋商聚落的典型案例。2006年11月，山西省人民政府公布忻州市代县阳明堡镇为省级第二批历史文化名镇（图4-11）。

图4-10　灵石静升镇

图4-11　代县阳明堡镇

（8）襄汾丁村民宅。1988年，丁村民宅被列为第三批全国重点文物保护单位。1954年，因在其附近地带发现了丰富的旧石器文化遗存和丁村人化石而出名。1961年，丁村遗址被公布为第一批全国重点文物保护单位。丁村民宅为典型的北方四合院格局，其精美的砖雕、木雕、石雕艺术彰显深厚的晋商传统文化底蕴，已经被世人所瞩目（图4-12）。

（9）沁水柳氏民居。柳氏民居位于晋东南沁河流域，太行山深处的历山腹地，是柳氏族人世代聚居的血缘古村落。其街巷格局十分简明，建筑类型丰富，有庙宇、楼阁、牌坊等。此外，柳氏民居的建筑装饰类型也较为丰富，涵盖了石雕、砖雕、木雕等多种形式。其题材广泛，内容繁多，构图缜密，雕刻精美，集南北风韵于一身，譬如门窗、影壁以典雅大方为先，雀替、栏杆则以玲珑巧妙为主。明朝以来，山西晋商逐渐兴起，雄厚的财力让工匠拥有更大的发挥空间，极大地推动了当地民间建筑装饰艺术的发展。又因为柳氏家族世代书香，所以柳氏民居的建筑装饰在意境营造、艺术造诣以及文化哲理上均达到了很高的水平（图4-13）。

图4-12　襄汾丁村民宅

图4-13　沁水柳氏民居

（10）榆次常家庄园。为国家AAAA级旅游景区，是被称为"儒商世家"的榆次东阳镇车辋村常氏家族的宅院建筑群。作为放眼世界的外贸世家、恪守礼仪的文化世家和树人为本的教育世家，常家庄园历经200余年的陆续修建，不仅其宅院具有功能齐全的大院特征、井然有序的中华礼仪传统，常氏家族典雅浓郁的儒文化品位更彰显于大院的建筑造诣之中，把中国的大院文化带到一个前所未有的高度（图4-14）。

图4-14 榆次常家庄园

4. 数据库需要详细收集整理建筑的数据信息

平遥云锦成、王家大院崇宁堡、太原王公馆、太谷曹家大院、临县碛口古镇、灵石静升镇、代县阳明堡镇、襄汾丁村民宅、沁水柳氏民居和榆次常家庄园的数据库（表4-1～表4-3），需要收集与山西民居建筑相关的全国重点文物保护单位与山西省级文物保护单位资料。

山西民居建筑文物保护单位统计表　　　　　　　表4-1

名称	文物保护级别	位置	GPS坐标	建筑数量
平遥云锦成	世界文化遗产	平遥古城西大街56号	北纬N37°12′17.38″，东经E112°10′33.73″	2处传统院落
王家大院崇宁堡	全国重点文物保护单位	山西省灵石县城东北12公里的静升镇	北纬N36°53′45.78″，东经E111°51′51.36″	15处传统院落
太原王公馆	非文物保护的历史民居建筑	太原西华门6号	北纬N37°52′22.93″，东经E112°33′47.52″	2处传统院落
太谷曹家大院	全国重点文物保护单位	太谷县城西南5公里处北汪村东北角	北纬N37°23′26.89″，东经E112°30′26.07″	15处传统院落
临县碛口古镇	山西省第一批历史文化名镇	晋西吕梁山西麓，临县之南端湫水河与黄河的交汇处	北纬N37°38′33.42″，东经E110°47′54.93″	400多处

名称	文物保护级别	位置	GPS坐标	建筑数量
灵石静升镇	首批历史文化名镇、首批全国重点小城镇、全国重点文物保护单位、全国特色景观旅游名镇	山西省中部的灵石县东北	北纬N36°53'40.48″,东经E111°52'4.83″	25个自然村
代县阳明堡镇	省级第二批历史文化名镇	山西省忻州市东北部,雁门关下	北纬N39°0'46.94″,东经E112°52'32.62″	40多处院落
襄汾丁村民宅	全国重点文物保护单位	山西省襄汾县城关镇南5公里处的汾河东岸	北纬N35°50'35.92″,东经E111°24'48.46″	40处传统院落
沁水柳氏民居	国家AAAA级景区、中国历史文化名村、全国重点文物保护单位,是中国目前唯一以同祖血缘世代聚居的原始古村落	山西省晋城市沁水县境内	北纬N35°33'38.06″,东经E112°08'35.32″	4处传统院落
榆次常家庄园	国家AAAA级旅游景区	北依太行山脉,南俯汾河谷地	北纬N37°32'32.43″,东经E112°38'5.38″	80多处传统院落

山西民居建筑特征统计表　　　　表4-2

名称	建筑空间特征	建筑风格	装饰艺术
平遥云锦成	平遥云锦成属传统四合院、前店后院的民居建筑,宅基为长方形,外墙高大,对外不开窗,外观封闭。内院平面长宽比多为2:1,而且由外院到内院,院落的宽度不断变窄。院内不仅满足了房间的采光通风需要,同时也具有其他功能。院落容纳了日常生活的各项内容:家务劳作、会客待友、休息聊天、日常起居、敬神烧纸等。在空间划分上,院落内与外的中介空间,区别于无限制的院外空间和完美封闭的宅内空间,既封闭又开敞,成为四合院十分独特的组成部分	遵循明清文化的装饰特征	大木作构件彩绘:多彩色调的彩画、青绿色调的彩画、红黄色调的彩画; 垂花门:梁头雕成云头形状;在麻叶梁头下,有一对倒悬的短柱,柱头向下。头部雕饰出莲瓣、串珠、花蕚云或石榴头等形状; 砖雕:工艺程序为画、耕、钉窟窿、镲、齐口、捅道、磨、上"药"、打点; 斗栱:内檐斗栱、外檐斗栱、平座斗栱; 沥粉贴金:是我国传统壁画、彩雕以及建筑装饰常用的一种工艺手段; 照壁:具有挡风、遮蔽视线的作用,墙面若有装饰则造成对景效果

名称	建筑空间特征	建筑风格	装饰艺术
王家大院崇宁堡	清代的典型民居及防御建筑，堡墙用夯土筑成，高大坚实。防卫功能较好，堡门及其顺延部分为砖砌而成，开在南墙正中，门外有一大照壁，壁门仅有一个，便于控制出入。堡内院落均为三进，院大门开在东南角，二门坐西朝东开在二进院东南侧。一进院的建筑大部分为新建。二进院东西房多为新建。三进院正面砖券窑洞主体大都属旧建筑，东西两厢或为窑洞，或为厢房。整个现存古堡建筑群除了三分之一处旧窑洞是老建筑外，其余都为二次开发新建	利用现有的资源并保持其鲜明的地方性建筑特色，并在轴线上结合酒店使用功能的需要，穿插殿、堂的建筑形式，打破了原有传统单一院落的空间布局，使大小体量的建筑有节奏地统一起来。它不仅是城堡院落空间的延续，又是轴线上殿、堂形式的升华	青砖外墙，木色窗格和精美的木雕、砖雕、石雕设计使其成为一个具有传统建筑风格主体建筑
太原王公馆	太原解放后，被收归国有，成为机关单位办公用房，其中正院、东院和西院由太原市百货公司使用。20世纪80年代以后，经过大片拆除，仅留存百货公司所占正院及东西两个跨院	民国风格，在装饰的细部充满异域风采	外装饰设计：欧式门窗、景观长廊的砖雕、龙铃吊灯、抱鼓石；装饰手法：堆山叠石、庭园理水、框景
太谷曹家大院	这处大宅院的群体组合是一种既有院落的串联，又有院落的并联的混合类型院落，空间层次丰富。由内宅和外宅两部分组成，内套15个小院，3个倒座楼，3个厅堂，3座主楼，共有277个房舍。内宅由3个穿堂大院的堂楼连在一起，长8米，高17米，墙厚1.6米。楼顶有3个亭子。内外宅中间，有一条石砌的长66米的甬道相隔。建筑布局呈篆书"寿"字形	沿袭了明代古朴简洁的建筑风格，没有清代繁琐奢华的特征。曹家大院有北方高大浑厚之气势，兼南国玲珑秀雅之风韵	充分运用了传统的石雕、木雕、砖雕及彩绘等工艺做法，结合当地的技艺特色，使山西民居呈现出风姿多彩的地域风貌。曹家大院的三雕艺术大多为明代风格，具有粗犷简朴的特点。砖雕以烘制成的砖块雕刻，最多见的是屋脊、望兽和屋顶边沿的瓦当，它们像舞台服装上的镶边似的，图案不同，寓意不同。在砖雕、木雕、石雕及彩绘图案中都出现鱼龙凤鳞、富贵长寿、多子多福、延年益寿、马上挂印等民俗吉祥图案。楹联、匾额作为一种民俗文化装饰，在富贵人家和平民百姓的居室和宅院建筑上雕刻或手写都很常见

名称	建筑空间特征	建筑风格	装饰艺术
临县碛口古镇	由沿黄河的3条主街形成联系整个古镇的一条主线,所有的小巷和院落围绕这条主线展开。沿黄河与湫水河的主街是碛口镇聚落的脊椎和核心。整个街巷有3条主街和与之垂直的13条巷子构成,3条主街由北向南,沿黄河滩横向列开,其中沿黄河的头道街西市街最长,长约400米;而面向黄河与湫水河交汇处较宽的地方是中市街,长约160米;紧邻中市街沿湫水河往南便是东市街。中市街位于碛口镇的中央,连接着西市街和东市街,是全镇最繁华的地方	靠崖窑,接口窑,箍窑明柱厦檐高圪台,无根厦檐,一炷香,木结构砖瓦房	以朴实为主,基本没有像晋中商贾大院那样琐碎繁杂的雕饰。 建筑色彩:建筑材料本身的色彩; 木雕装饰:层层斗栱、花蕾、垂花、隔扇、槛窗、雀替、额枋、正脊、门簪; 石雕:多用于明柱厦檐的柱础、无根厦檐的挑石、大门的枕石、院门内侧墙壁、影壁、楼梯扶手等; 砖雕:用于照壁、影壁处的斗栱装饰及神龛处的门形装饰,挑檐石,门枕石
灵石静升镇	村落建筑长约2.5公里,为敞院式和合院式	庄重谨严,气势磅礴	以木雕、砖雕、石雕为主,照壁、门楼、花墙一般精雕细刻,艺术精湛,而墀头、雀替、窗棂、正房或厢房的檐廊等部位成为雕刻的重点,主题多为花卉、物品等,以其谐音来象征性地表达主人的美好愿望
代县阳明堡镇	从整体布局上,阳明堡镇的古镇部分主要由堡内、东关和南关三大区域组成,平面呈蝎子形。 民居由二至四进院落组成	清代民居样式	石雕、砖雕、木雕、古老的门窗、顶棚、炕围; 水阁凉亭,喷泉假山; 室内装饰上,梁架上均施彩画,梁头出头耍头、斗栱都做成各种形式的木雕,门窗、隔扇都经过修饰处理,具有传统吉祥寓意的窗花和门头装饰有寓意五福(福)捧寿的图案,有寓意多子多福的葡萄,还有用得最多的寓意平安吉祥的瓶、菊等图案。门窗上还附有剪纸艺术

名称	建筑空间特征	建筑风格	装饰艺术
襄汾丁村民宅	村落呈紧凑的块状布局，院落连院落。在村落的边界处，建造有土堡城墙，不仅明确地表明村落的边界，以示区分内外，而且还具有一定的防卫功能。这种以"堡"式为形态的聚落具有独特的严谨性和封闭性，体现了丁氏一族群体家族的观念意识。丁村单体合院民居是以传统四合院为主的对称格局，皆坐北向南，四周为围墙和屋墙	合院式居住体系，深厚的晋商传统文化，朴质真实	砖雕：主要用于影壁以及房屋的屋脊部位。其取材多为质地细腻无砂眼、无杂质的优质青砖，雕刻工序严谨，图案精美；木雕：主要用于栏板、雀替以及斗栱等部位；石雕：主要用于抱鼓石、柱顶石、台阶以及上马石、拴马桩等处，丁村的石雕技法娴熟，刻线流畅，造型生动，形式多样，雕琢浪漫而不失真实，华丽而不轻浮，真实地反映了当时石雕的高超工艺和工匠的艺术造诣；门饰：体现了两种材质的结合，在满足普通功能使用的基础上，创造出富有情趣的艺术品
沁水柳氏民居	由正房、厢房、厅堂、倒座、厦房形成独特的"四大八小"式的晋东南民居形式。内院接近正方形，东西向的宽度略小于南北向的长度。内院的尺度，明显大于晋中地区的四合院。一院之内"北屋为尊，两厢次之，倒座为宾"	明清时期晋东南地区典型的民居	门窗装饰：门头为硬山形制，门脸四周的外墙上加贴装饰（雕花的瓦屋脊、鸱吻、卷草花纹）；木结构装饰：龙、狮子、麒麟、蝙蝠等动物形象，牡丹、芙蓉、各式卷草等植物形象，以及万字、寿字等纹样，同时还有官式建筑中很少见的果品、花瓶、笔筒等民俗、民间用品；砖石雕装饰：门枕石、石柱础、砖石影壁、牌楼
榆次常家庄园	具有开放型特征，每个大院布局大致相同，均为内外两进、外方内长的两个四合院组合形式。外院临街，大门位东，南楼倒座，内有东西厢房各五间，正北为一处倒座南房，正中设门。内院正面是高大宽敞的五间明楼，楼上是大厅；东、西各10间厢房，正中有木牌楼，将里院又隔为前、后院	既有名门望族的宏伟气势，又有南方园林的绮丽灵秀，还有书香门第的古雅淡泊	木雕：梁枋、瓜柱、斗栱等主要构件和撑木、挑头、梁垫、挂落等构件，以及构成外廊空间的顶棚、扇、门窗上的木雕都有一定的技术及艺术价值；砖雕：房脊的鸱吻、脊兽和雕花护脊；照壁、花墙砖雕；每排厢房山墙上端的墀头或花，或鸟，或兽，或字；现存部分砖雕护栏；石雕：柱础和门镇石狮、石鼓、石墩、石栏板等

名称	现状图	测绘图
平遥云锦成		
王家大院崇宁堡		
太原王公馆		
太谷曹家大院		
临县碛口古镇		

名称	现状图	测绘图
灵石静升镇		
代县阳明堡镇		
襄汾丁村民宅		
沁水柳氏民居		
榆次常家庄园		

（二）数据库数据类型分析

文本类数据：包含建筑的属性信息、各类说明信息，数据以文本方式存放，以表格、文本框形式查询显示。

图形、图像类数据：包含照片、视频、卫星图片等。图形格式以BMP、JPG、TIFF为主，以图形文件方式存储。

三维模型数据：通过测绘，使用SketchUp软件进行建模，通过表格浏览模型数据。

三维实景地图数据：以二维电子地图地理信息数据库为基础，利用无人机搭载专用航测仪。按照一定比例对建筑的三维空间进行实际和综合信息的描述，快速对地形、地物、地貌等对象进行高分辨率、高精度的三维重建，其形象性、功能性远强于二维电子地图。

离线地图数据：离线地图以JPG瓦片格式数据存储，瓦片文件包含经纬度信息。内嵌标注点信息，标注点信息含经纬度坐标、名称、地址等基本文本信息。

（三）数据存储方式

数据库的数据按照数据类型分为文件方式与数据库方式存储。

文件方式分为单文件存储与封装格式文件。单文件存储类型为图形、图像、视频等格式文件。封装格式文件类型为三维建模SKP格式文件、三维实景地图模型数据文件等，可以通过程序调用封装格式内的特定文件，显示数据文件内容。

数据库主要存储文本类型数据，例如单体建筑的基本信息内容。通过数据存储可以方便数据内容的查询、调用、浏览。

（四）山西民居建筑数据库功能设计

山西民居建筑数据库展示平台作为历史文化遗产类数据展示，功能上分为数据的收集整理与浏览展示两个主要功能方向。数据库以数据为基础支撑，利用计算机编程技术，开发展示平台，使数据库平台可以展示文本、图像、视频、三维模型，形成良好的人机交互平台（图4-15）。

数据库功能主要分四项，分别是基本信息浏览功能、视频图像浏览功能、三维展示数据浏览功能、数据检索功能。

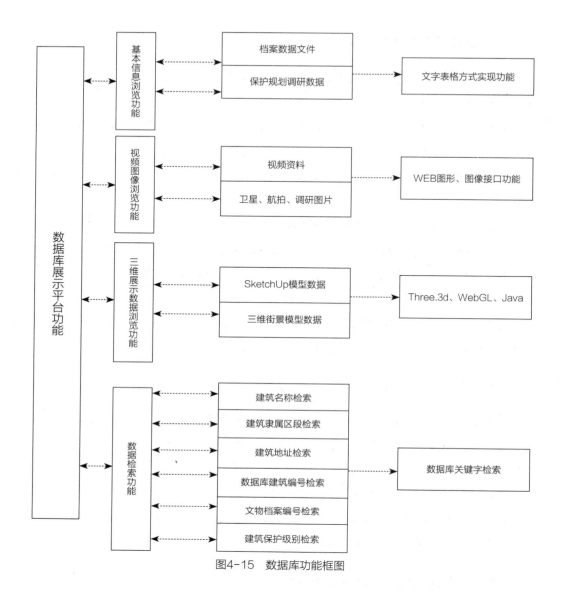

图4-15 数据库功能框图

1. 基本信息浏览功能

通过调研整理出民居建筑相关信息的表格式数据文件，以王家大院崇宁堡的基本信息为例，对民居建筑数据库的基本信息浏览功能进行建设，见表4-4。

名称		王家大院崇宁堡		现有用途		酒店	
隶属 区段	山西省	（地市）	晋中市	（区市县）	灵石县	（村屯）	静升镇
地址		山西省灵石县陈东北12km的静升镇					
GPS 坐标1	北纬	36°53′45.78″	GPS 坐标2	北纬		GPS 坐标3	
	东经	111°51′51.36″		东经			
数据库建筑编号		10102012		文物档案编号		〔2012〕42号	
年代		1725年		数量		15	
海拔高程（米）		2000		外立面材质		青砖、夯土	
平面形制		堡内院落均为三进，院大门开在东南角，二门坐西朝东开在二进院东南侧。一进院的建筑大部分为新建。二进院东西房多为新建。三进院正面砖券窑洞主体大都属旧建筑，东西两厢或为窑洞，或为厢房		建筑结构		木结构	
文物级别		全国重点文物保护单位		遗产类型		全国重点文物保护	
屋顶	形式	坡屋顶		保护标志	保护标志牌	有	
	材质	木结构、玻璃			说明牌	有	
	颜色	灰色		环境类型		处于风景秀美的绵山脚下、静升村腹	
地上层数		2层		地下层数		0	
占地面积（平方米）		250000		建筑面积（平方米）		6332	
是否修缮过		是		最近修缮时间		2008年	
权属		国有		使用单位		山西王家大院崇宁堡酒店有限公司	
隶属		灵石县		管理机构		山西王家大院崇宁堡酒店有限公司	
价值评价		7.753		再利用绩效评价		9.035	

2. 视频图像浏览功能

使用浏览器查询、浏览山西民居建筑的相关视频、历史照片、保护建筑调研照片、卫星图片、航拍图片等图形图像信息数据。

卫星图片：使用Arctiler下载瓦片格式卫星图像，生成精细度17~19ppi的卫星图片。卫星图片在Arcgis卫星图、天地图、谷歌卫星图、百度卫星图之间选择。

航拍图片：使用大疆"悟"系列无人机搭载云台相机，高空500米拍摄航空图片，图片范围约1000米×800米。

视频：使用大疆"悟"系列无人机搭载云台相机，利用无人机预设飞行线路，遥控云台拍摄4K清晰度@30fps视频文件。

3. 三维展示数据浏览功能

使用浏览器查询、浏览重要节点保护建筑的三维模型数据、重要节点三维街景数据。

4. 数据检索功能

数据检索功能可以通过对保护建筑的名称、隶属区段、地址、数据库建筑编号、文物档案编号、文物级别六个关键字段进行检索，检索结果以列表方式显示，列表建筑链接单体建筑的信息数据页面。

（五）山西民居建筑数据库实现技术

1. SketchUp建模数据浏览功能与实现技术

利用基础测绘手段测绘保护建筑的平面、立面、剖面及大样图纸。通过图纸数据使用SketchUp建立模型数据。SketchUp是目前市面上主流的三维设计软件，适用于精度较高的建模项目。

2. 三维实景地图实现技术

三维实景地图是利用各种图像获取设备例如相机、无人机等拍照，通过使用特殊的图像处理软件拼接处理，让观察者置身于三维实景虚拟的环境中来。考虑到拟建数据库中10处山西民居建筑位置分散，有些民居建筑在较远偏远的乡村，并且交通不便；还有一些民居建筑周边被现代建筑包围，民居隐藏其中，很难一次性收集齐周边环境与保护建筑的基本信息。所以设计一种浏览模式，可以从较高的视角，模拟研究人员亲身来到现场，并且能够以高空的视角审视民居建筑的周边环境。这一任务正是利用三维实景地图功能来实现的。

三维实景地图不仅需要展示整个保护建筑所处的环境，还需要标注出保护建筑的位置、名称等信息，并且可以查询高空视角，研究人员可以直接浏览（图4-16）。

3. 数据检索查询功能

数据检索功能可以通过对保护建筑的名称、隶属区段、地址、数据库建筑编号、文物档案编号、文物级别6个关键字段进行检索，检索结果以列表方式显示，列表建筑链接单体建筑信息数据页面。

数据库设计源于对数据库内容的分析，首先对拟建数据库的10处山西民居建筑数据认定进行分析，以及对保护建筑重点数据进行总结，通过拟建数据库的10处山西民居建筑数据特点，确定重点收集的数据内容。在确定数据内容后

图4-16 王家大院崇宁堡卫星定位功能

对数据类型进行分析，通过对数据类型的分析，研究设计数据库功能与实现技术。

三、山西民居建筑数据库实现

（一）数据库结构

山西民居建筑数据库平台按照数据内容以单体数据，设计每一层的数据内容，各层次数据内容按照关联程度略有交叉，方便浏览查询（图4-17）。

数据主要是单体建筑信息数据，内容包含基本文字信息、图片、图纸数据、三维模型数据等。

文字信息内容包含：

名称：山西民居建筑名称。

隶属区段：按照地市、区、县、乡村三级统计。

地址：保护建筑档案记录的地址信息。

现在用途：类别统计包含办公场所、居住场所、教育场所、商业用途、开放参观、城市地标、无人使用等。

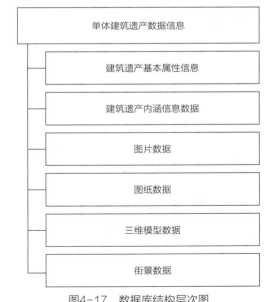

图4-17 数据库结构层次图

GPS坐标：通过卫星全景地图进行收集。

海拔高程：保护建筑所在位置的海拔高程数据。

数据库建筑编号：保护规划调研基础资料汇编对应的编号。

文物档案编号：保护建筑第三次文物普查档案编号。

年代：保护建筑建成年代。

数量：记录保护建筑数量。

平面形制：建筑物、构筑物的平面形制，统计记录内容主要以"L形""十字形""凸字形""凹字形""不规则形""矩形""扇形""圆形"等为主。

外立面材质：以砖、石、木材、抹灰、混凝土等元素按照实际材质组合记录。

地上、地下层数：记录建筑物地上、地下层数数据。

占地面积：建筑物占地面积数据，以平方米为单位。

建筑面积：建筑物建筑面积数据，以平方米为单位。

建筑结构：砖窑拱券、砖木结构、土质建筑、预制结构等结构类型的记录。

屋顶形制、材质、颜色：屋顶形制以平屋顶、坡屋顶、拱形、孟莎式为主；材质以木、铁皮、瓦、混凝土等为主；颜色记录屋顶主要颜色。

保护标志：记录是否有保护标志牌、是否有保护建筑说明牌。

遗产类型：记录遗产类型数据，内容以办公场所、文教卫生、工业建筑、交通运行设施、商业商贸建筑、生活设施、重要历史事件纪念等为主。

修缮信息：统计是否有修缮记录。

权属：记录数据以国家、集体、个人等信息为主。

管理机构：记录建筑文物管理单位。

使用单位、使用单位隶属：记录使用单位与使用单位上级主管单位信息。

建筑简介描述：记录建筑的历史沿革信息、建筑简要介绍信息。

修复记录：记录建筑物修复时间、修复内容等相关信息。

残损统计与损毁原因：统计建筑物基础、墙体、门窗、装饰线脚、屋顶、布局等损坏信息以及文字描述损坏原因。

图片、视频信息：建筑四向照片、建筑内部空间照片、建筑细部大样照片、建筑残损部位照片、周边环境照片、历史老照片、视频资料。

图纸信息数据：建筑平面图和重要节点建筑详细测绘图（图4-18）。

三维模型数据：依据详细测绘图使用SketchUp建立模型数据（图4-19）。

三维实景地图数据：使用无人机航拍，利用倾斜摄影技术生成实景三维矢量模型。

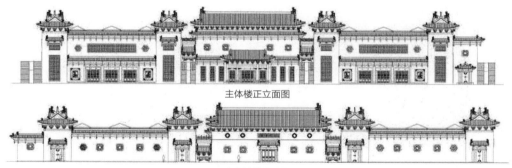

主体楼正立面图

主体楼背立面图

图4-18 王家大院崇宁堡主体楼立面图

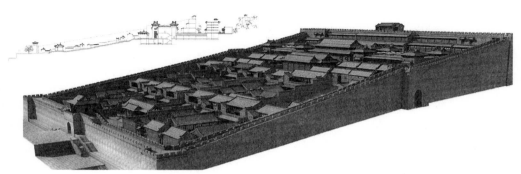

图4-19 王家大院崇宁堡模型

（二）数据获取

数据收集整理与数据库平台开发同时进行。

三维实景地图：对所调研的10处山西民居建筑的地形、地貌、地物等对象进行高分辨率、高精度的三维重建。

卫星图片：收集许多地区卫星图片，精细度为17～19ppi。卫星地图使用Arctiler地图下载器下载瓦片格式卫星图片，通过软件中的瓦片图片拼接功能，生成卫星图片（图4-20）。

瓦片地图由许多小的正方形的图片组成，这些小图片称作瓦片。瓦片的大小一般为256像素×256像素，这些瓦片一个挨一个并列放置以组成一张很大的看似无缝的地图。通过Arctiler地图下载器下载一定范围瓦片格式的地图，拼接成完成的卫星图片。

全景数据拍摄、制作、数据标注：使用大疆"悟"、s1000系列无人机搭载云台相

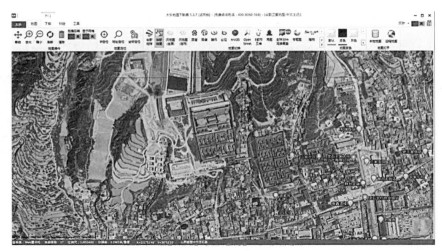

图4-20 Arctiler地图下载器查询页面

机，拍摄制作视角点全景数据资料，后期制作全景文件，标注建筑的位置信息，数据暂存NSA网络存储服务器（图4-21）。

档案资料整理：按照数据库数据内容整理档案资料以及山西民居建筑调研数据。

三维测绘及三维建模：通过测绘图纸对所调研的10处山西民居建筑进行三维模型设计。使用全站仪获取建筑平面、立面、剖面等测绘信息，绘制CAD格式图纸文件，依据测绘图使用SketchUp软件制作三维模型文件，导出SKP格式模型文件进行收集。

图4-21 无人机航拍平遥古城民居

历史资料与学术论文资料整理：收集整理历史照片、视频；利用无人机拍摄建筑所在位置的视频资料，收集整理山西民居建筑相关学术论文，相关资料正在收集整理过程中。

（三）数据库应用

1. 数据库在保护规划编制、保护建筑修缮设计方面的应用

数据库的基本信息与视频图像功能是对调研数据的整理，通过直接访问和检索访问两种方式，随时调取保护建筑的数据资料，系统分析保护建筑的基本信息与内涵信息，查阅保护建筑的现状照片、建筑图纸、周边环境信息、卫星图片、航拍照片。

通过对保护建筑进行详细测绘，使用测绘数据进行三维建模，测绘数据与三维模型数据对保护建筑的修缮设计等相关工作提供数据支持。

2. 数据库在文物管理部门管理工作中的应用

山西民居建筑数据库平台数据，是对档案数据的补充，以三维实景地图和卫星地图增强保护建筑的位置定位，提供保护建筑所在地区道路环境的数据参考，使管理方式更加直观。通过定期更新丰富的现状照片，从不同视角，不同时间、空间角度提供保护建筑的健康状况信息，保证第一时间做出及时的管理措施。三维展示功能提供建筑测绘与模型数据，在对保护建筑进行展示、修缮等工作时提供基本的矢量数据信息。管理部门可以通过数据检索功能，自定义查询不同检索条件的保护建筑信息，为工作提供数字化、信息化支持。

3. 数据库在公众开放、社会宣传、展示利用方面的应用

数据库选取适当可公开展示的内容，通过"互联网+"模式进行公开展示，人们可以通过网络使用PC终端、移动设备浏览保护建筑信息，提高文物建筑知晓度，提高公民保护意识，增加建筑保护的公众参与度。

4. 数据库在学术研究方面的应用

数据库在学术研究方面提供数据支持，山西民居建筑相关学术研究需要海量数据支持研究工作，按照不同研究方向、不同侧重点，从时间到空间分类提供系统的数据。

5. 后续功能开发展望

数据库增加山西民居建筑特有建筑符号数据收集功能模块，增加特殊功能建筑资料整理，增加建筑现存年份标识数据模块等。为后续的活化更新研究工作增加便利，提供数据上的理论支撑和统计工作基础。

四、数据库构建实证——岢岚古城民居数据库的搭建

岢岚古城，自宋、元、明、清至今已逾千年，是岢岚历史变迁的见证与缩影，也是岢岚风土人情的凝聚与延续。异常高深、开阔的岢岚古城墙，其瓮城数倍于平遥古城的瓮城，堪称中国古城建筑一绝。因此，岢岚古城具有很高的研究价值。在对岢岚古城数据库的建设中，笔者对其文本数据（表4-5）、图形图像类数据库（图4-22）、鸟瞰图（图4-23）、三维模型数据（图4-24）、三维实景地图数据（图4-25）、卫星地图数据（图4-26）进行收集整理。

岢岚古城基本信息 表4-5

名称		岢岚古城		现有用途		文旅
隶属区段	山西省	（地市）	忻州市	（区市县）	岢岚县	（村屯）
地址		山西省忻州市岢岚县古城				
GPS坐标1	北纬	38°28'18.52"	GPS坐标2	北纬	GPS坐标3	
	东经	111°67'33.64"		东经		
数据库建筑编号		10102015		文物档案编号		
年代		后宋太宗太平兴国980年		数量		20
海拔高程（米）		1443		外立面材质		砖
平面形制		周围3.5公里，城高12米，城形如舟。城楼12座，上有旗杆、垛口。城门高大出奇，四门都有瓮城，城外有一条宽16米、深6米的护城河。东、西、北门外各有吊桥一座，城外4关2堡。现仍存北、东、南3座城门瓮城和大部分残垣断壁，高大的城门实属国内少有		建筑结构		木结构
文物级别		世界文化遗产		遗产类型		世界文化遗产

名称		岢岚古城	现有用途		文旅
屋顶	形式	坡屋顶	保护标志	保护标志牌	有
	材质	木结构、玻璃		说明牌	有
	颜色	灰色	环境类型		岢岚县天蓝水碧，环境优美，城内有众多的历史古迹、自然景观、革命纪念地。考古发现的宋长城填补了中国长城史的空白；毛主席路居馆是全国的爱国主义教育基地；境内的太原卫星发射中心是组建于20世纪60年代末的我国三大卫星发射中心之一
地上层数		6	地下层数		0
占地面积（平方米）		6524.29	建筑面积（平方米）		5604.04
是否修缮过		是	最近修缮时间		2018年
权属		国有	使用单位		岢岚县政府
隶属		岢岚县	管理机构		岢岚县政府
价值评价		8.327	再利用绩效评价		—

图4-22 岢岚古城现状

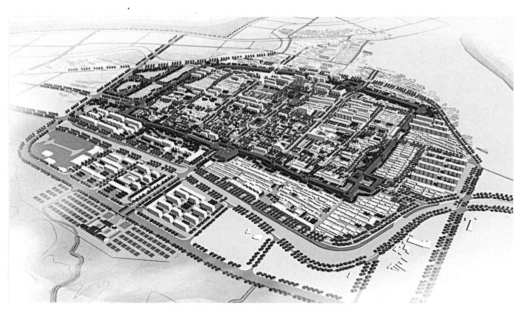

图4-23　岢岚古城民居建筑群鸟瞰图

图4-24　岢岚古城民居建筑三维模型

图4-25　岢岚古城三维实景地图

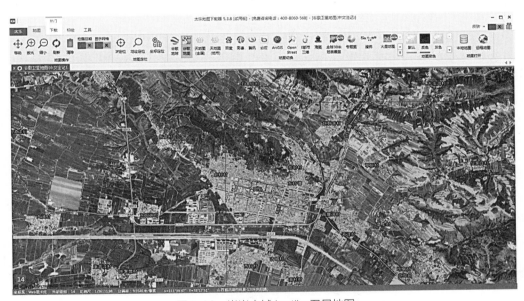

图4-26　岢岚古城Arctiler卫星地图

山西民居建筑是中国传统民居的重要代表，具有十分重要的历史与社会价值，真实展现山西传统民居的历史风貌，具备较高的研究价值。建立山西民居建筑数据库平台，实现多视角、多尺度、多维空间海量数据的集中管理，是建筑调查、学术研究、评估、保护规划、修缮设计、动态监测和保护管理等多应用的有力保障。本章通过系统研究山西民居建筑构成，分析建筑所承载的数据内容，按照使用需求详细设计数据库平台，并且对数据库各类型数据以及各项功能模块的实现方式进行详细研究测试，最终完成数据库平台的开发建设。

第五章

基于文旅融合的民居建筑保护与更新策略

21世纪以来，文旅融合已成为民居建筑保护、人居环境改善、地方经济发展的有效活化途径。然而在以文旅为导向的发展过程中，传统村落的民居建筑遭受不同程度的"保护性、建设性、旅游性"破坏。在这样的现实背景下，不得不从更有决策的层面去探索基于文旅融合的民居保护与更新，以得出具有一定借鉴意义的策略方法。本章主要内容为基于文旅融合的民居保护与更新策略。

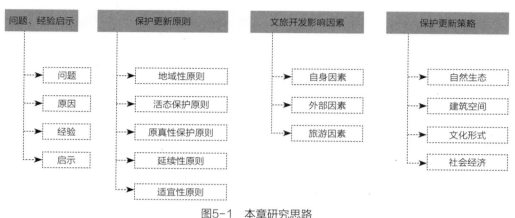

图5-1　本章研究思路

一、民居建筑保护更新的问题与经验启示

（一）问题

随着人们认识的提高，开始关注民居建筑的保护。所谓保护即保留建筑的传统风貌，让它反映出真实的历史场景，复原历史风貌，建筑内部可以通过新的功能需求进行局部的整改。但是保护问题不仅来自于民居建筑本身，也来自于保护过程中逐渐凸显的矛盾，主要有以下七点：

1. 同质化

民居建筑在发展中出现了同质化的问题，为了大力发展旅游，大部分民居建筑改造，都是机械地把民居建筑的传统文化元素生搬硬套地堆砌在民居建筑的更新中，然后进行"批量化"的改造，出现了千篇一律的民居建筑。如在平遥古城内的民居，一家民居更新将休闲园林的形式简单地植入民居院落中，与晋中民居的建筑形式不搭配。为了解决同质化的问题，王澍提出了"隐形城市化"，为保持地域乡愁的新型城市化探索了新道路。需要通过深度发掘各个地区的地域特征、民居建筑形式特征，对民居建筑的同质化进行改善，使其在活化更新中融入地域文化特征，将当地的地域特点延续到现代的民居建筑中。

2．空心化

民居建筑在发展中出现了空心化的问题，由于旅游业市场的发展，历史民居租给外来商人经营。以山西平遥古城为例，本地原住居民大量减少，原住居民为了获取收益将自己的民居外租，使其空有其表，没有了实质性的地域文化内涵和底蕴，导致民居建筑特征逐步消失，加速了地域文化的衰败。最早针对旅游造成的空心化的文章出现在2003年，孔岚兰在以篇名为《古村落的现状不容乐观》的文章中提到，如果不能很好地解决旅游业所带来的问题，那么"一座座充满灵性的古村落最终会成为名副其实的空壳"。需要通过政策的改变留住历史民居中生活的百姓，对民居建筑的空心化进行改善。

3．发展性破坏

发展性破坏方面来自于政府和开发商，为了追求城镇化进程和提高城镇化的水平，同时加大商业开发利益，忽视了民居建筑的历史价值。在21世纪步调加速的中国城市化进程中，急于经济转型和发展的城市中大量的工业遗迹和历史建筑物遭遇生存危机。在许多遗留下来的建筑中，一部分因为人们缺乏保护意识而长久闲置，已经破败不堪，另一部分几乎消失殆尽，再也不能展现在人们面前了；还有在城市城镇化带来的打工潮背景下，由于移民、居民搬入城市以改善生活质量等原因，传统村落人数逐年减少，房屋长期无人居住而失修倒塌。

4．保护性破坏

保护性破坏来自于传统民居建筑的居民在管理制度不完善、保护意识不强、技术手段贫乏的情况下，为了改善其房屋质量及生活水平，盲目进行翻修、加建及改造。大多缺乏文化素养和经济条件不是很好的当地村民，没有很清晰地认识到传统民居的保护价值，对于损坏的民居建筑，村民大多选择废弃或闲置，这样长久下去加剧了传统民居的老化与破坏。

5．文化传统的衰退

由于聚族而居的传统民居建筑的特点，形成了不同的社会活动，包括各种民俗活动和交往活动。但随着传统村落的衰落和人员流失，这些活动日渐消失，在技术革新和时代变迁中文化传统出现断层甚至消亡。区别村落的重要因素是地域性，不同的村落会因地域环境的不同而具有地域性。目前，很多传统民居建筑在保护中忽视传统文化与传统风貌传承的同时缺乏地域性，运用相似的经营模式开发村落的经济。这样的保护发展方式会使传统村落变成一个毫无个性特色的旅游景点。如"伪文化"泛滥，许多被改头换面和重新包装的传统民居，失去了原有的韵味，原有建筑的审美层次和文化品位也有所降低。

6. 商业化开发造成持久负面影响

过度商业化造成了持久性负面影响和不可逆的损失，为了经济效益很多开发商将厂房、旧址直接夷为平地，在此基础上进行新的商业开发，一部分以旅游文化为噱头的人进行商业空间的新建，从而造成民居建筑的二次破坏和永久性无法修复。除此之外，部分居民将一楼临街住宅改为商业网点，导致游客超载、开发错位、"商业化"过度等现象，使传统民居建筑不堪重负。这些举动都造成了不可挽回的损失和对传统民居建筑原生环境的伤害，城市发展的必然进程是开发，但是合理适当的开发与规划能为商家和这个城市带来经济的效益，反之会对这个城市文化带来灭顶之灾。Mathieson（1982）指出售卖手工制作品来振兴传统地域文化的同时，也造成地域文化识别的困难，由此造成过度商业化。国内民居和历史文化街区的过度商业化，不仅在学术界被诟病，甚至旅行者和当地居民都深受过度商业化的困扰，在调研中经常有受访游客表示，对当地历史民居的旅行体验感觉没有地域特征，使当地历史民居降低了地方辨识度。因此，需要通过对当地传统文化的传承、开发旅游业思路的转变，对民居建筑的过度商业化进行改善。

7. 不合理定位改变历史街区环境

最后在具有人文特色的城市历史街区，提高城市吸引力已成为发展旅游业和带动商业的一个重要手段。不合理的产业定位使大量民居建筑遗迹消失，遭到了永久性不可逆的伤害，历史街区文化氛围的忽视，破坏了其自身发展、整体的规划和历史印记。作为文化历史街区，应该在保护与发展的过程中将其独特的历史性发扬和继承，打造符合其整体定位的历史文化街区设计。无论从建筑的保护、景观的延续还是文化的底蕴，都应保留其自身文化的内涵。

（二）原因

现代科学技术与传统文化在新的历史背景下"融合"的代表是"全球化"，"全球化"象征着发展与先进。每当两种或更多的文化相会"摩擦"时，不同的风俗、技术和材料之间自然而然地会交互影响，产生新的面貌。传统民居建筑这种随意性的发展模式虽然可以使用，也满足了一定的功能提升，但总体而言显得凌乱。快速传播无法使人们对新来的文化深入分析、去伪存真，只因为一点新鲜或小利就加以运用；同时因为难以深入，吸收了五花八门的信息后试图融合创作的结果往往毫无章法。

1. 在新旧文化融合过程中对度的把握

当融合已经无可避免，那么在保护和更新过程中，就需要非常讲究融合的技巧和程度，运用手法和比例也不能太多。所以传统民居建筑保护更新的根本原因就是对新旧文化融合过程中对度的把握，既满足传统村镇在现代社会的运转，又保持传统村镇的最显著特征，通过多样模式的提取，逐步凝结出不同特色的传统民居建筑，从而传承风貌。在建筑文化上，中国传统民居建筑的本源更贴近人性，以家族为单元的聚合形态了解生命延续的意义，故而重视后代的延续，重视家族的繁衍和兴盛。他们一直都没有把建筑物看成是一件永久性的纪念物，而是将建筑和村落作为宗族脉络中的工具，是当下时间、空间中赖以生存和居住的空间，是满足屯、邻依托，联系家庭关系的器具。

2. 在文化差异中对民居建筑本体认知不够

中国传统民居建筑大多数是木构架体系，因此在人们的印象中，木材自然而然地成为中国古民居的主要材料。事实上，除木材外，还有土、砖等。各地古民居的建造大多取自当地较为普遍、价格较为便宜的建筑材料。如福建土楼是世界上独一无二的山区大型夯土民居建筑，其巧妙地利用了山间狭小的平地和当地的生土、木材、鹅卵石等建筑材料，是一种自成体系，具有节约、坚固、防御性强等特点，又极富美感的生土高层建筑类型；在皖南则用石作屋基，木为构架，砖瓦为墙和屋顶（粉墙黛瓦冬瓜梁）；在海南人们用当地含砂的泥土制作瓦坯进行烧制，砖体透气，十分适合海南潮热湿润的气候特点。海岛人民利用这一得天独厚的资源条件，在民居的营造中运用青梅树（黄褐色）、海南花梨木（红褐色）等木材制作梁柱、木板隔断、门窗等建筑构件；运用荔枝木、苦谏木、花梨木等木材制作各种家具等室内装饰物。这样的木材不仅珍贵，还可防虫蛀，且大部分能经得起数百年的风雨磨砺。材料作为实体和空间的感知方式，是形成美感的物质基础、人类情感的特定媒介，材料运用是建筑设计的内在组成部分，是与建筑设计紧密统一的。

在把握度的过程中，存在文化的差异，也就是对本体认知的不够，越来越多的街巷失去特色，人们也开始慢慢反思"全球化"战略所带来的弊端，尤其是快速推进的"全球化"对传统村落带来的巨大冲击和破坏。在该种情况下同时受到西方保护理念的影响，传统村镇的保护大多倾向于原样修缮等静态保护手段。当然我们也不能刻意隔绝或回避该种融合，但如果在融合过程中不加以引导和限制，也会出现因为对地域风俗及传统文化了解不够，简单粗暴地将新旧文化合并。一旦出现该种问题，传统村镇的历史价值和文化特色就会受到破坏，故而使众多人们认为还不如原样保留不做修改。

（三）经验

结合民居建筑的传统型旅游开发，注重对民居建筑的保护，然后通过静态的"博物馆式"的展示方法，呈现在旅游者面前，对民居建筑不做过多的处理，属于原生型的开

图5-2　乌镇朱家角

发。这种类型的开发强调的是民居建筑的保护性与展示性，缺乏对旅游者多元需求的考虑，旅游者的体验感与参与感不足，对开发的项目整体印象不深刻。以上海朱家角镇民居建筑保护及利用为例，表现在建筑、空间、商业性几点。朱家角镇地处水乡，历史文化底蕴深厚，自明代后期兴起，逐渐发展成为远近闻名的江南巨镇（图5-2）。因其物产丰富、风光优美、风情独特、保存完整，于2007年5月被公布为全国历史文化名镇。虽然经历风雨沧桑，目前朱家角镇仍保存了为数众多的历代典型水乡民居，据统计大大小小超过500座，挑选了其中32座民居，以此为切入点加以分析。

1. 健全古镇保护长效机制，加大保护的力度

众多的水乡民居经历数百年的历史文化积淀，是朱家角古镇生存和发展的基础，也是该镇经济实力和文化魅力之所在。首先，对于古镇开发的模式和具体的投资规模应该有一个持续性的政策和长效的机制，这样可以长期有效地实施保护，也可以减少人事变动带来的影响。其次，古镇的保护仅仅靠少数人的苦心运营是不够的，应该推行保护的社会化和市场化，确立一套行之有效的行政管理体系、公众参与体系、监督体系和资金保障体系，加大宣传力度，提高政府、地方和个人的保护意识，下放部分经营权，调动多方力量推进古镇保护和发展。不仅要把文物保护经费纳入各级政府的财政年度预算，还要随财政收入的增长同步增长。多渠道投入，筹集资金，走向市场运作方式是一种探索，也是一种趋势，如采取全部或部分出让产权、租赁等方式吸纳民间资金参与古镇中单体民居的保护工作等，但其前提是必须在文物部门的有效监管下。对于古民居的所有者、使用者来说，只有让其自觉自愿地加入，从中受益，使"包袱"变成"摇钱树"，才有可能自发地保护古镇、维护古民居。同时，对古民居的利用、维护等的补助要有明文规定并确保落实。

2. 遵循古镇保护原则，恢复原有的风貌和特点

古镇民居的价值不仅在于建筑本身，还在于它们都承载着原汁原味的乡土生活，承

载着原生态环境的历史印记。中国民族建筑研究会副会长、原国家建设部外事司司长李先逵曾讲道："要强调保护原则，真实地反映当时历史情况，尽可能原汁原味地保留。必要时对文保建筑可以做一点改变，有的可能是保留风貌。每个地区不应该只留'一点'，而应该整体保护。"著名作家、民间文化保护工作者冯骥才也说过："保护古镇文化，就是保护不同于其他古镇的文化差异。"保护古民居，力求保持其原生性、整体性、延续性、特色性和观赏性是根本原则。保护原生态的实物和环境，保留其周围环境风貌的整体形态，挖掘古民居所承载的文化魅力，才能使景点引人入胜，使观者抚今怀古，睹物思人。

3. 建立古民居物业管理体系

古民居的物业管理是指国家或业主通过选聘具备专业保护资质的物业管理企业，由国家或业主与物业管理企业按照物业服务合同约定，共同履行古民居的保护义务，并对房屋及配套的设施设备和相关场地进行维修、养护、管理，并维护相关区域内的环境卫生和秩序的活动。物业管理是古民居保护最直接、最基础的落实者。虽然历史建筑物业管理在上海起步较早，但是由于历史等多方面的原因，作为保护的重要基础性工作之一，朱家角镇古民居的物业管理仍然是薄弱环节，有的地方甚至还是空白。针对古镇众多的文物保护单位以及其他有历史、文化、艺术价值的古民居，要摸清家底，整合资源。

4. 认真梳理，合理开发和利用遗产资源

遗产资源要永久保存，永续利用，就必须严格保护，控制使用。保护是前提，是基础，是第一位。保护好了，才能利用；利用好了，才能更好地发挥其在文化、教育、建筑技艺等方面的价值，将古民居与旅游资源整合起来，以吸引更多的游人，使其在水乡古镇旅游线上发挥独特作用。只要能够认识到这些古建筑的重要价值，在有效保护的前提下，适度开发，合理利用，方能营造出良好的人文生态环境。

5. 加强研究，发掘遗产的文化内涵

如果说保护古镇文化是搞好古镇开发和利用最基础的工作，那么，结合水乡古镇地域文化，开展关于水乡古镇文化的系统研究，深入发掘古镇文化的内涵、底蕴和特色，特别是加强对古镇文化的非物质文化遗产的发掘、保护和利用，则是保护古镇及古镇文化的开发和利用的更深层次的工作。要在保护的同时加强对有关古镇文化文献资料的搜集、整理和保护工作，加强对有关古镇文化文物的抢救、修复和保护工作。应该由政府出面，投入足够的资金，在有关部门建立文献资料、文物保护库，在条件成熟的基础上建设"朱家角古镇历史文化博物馆"。文献资料的搜集、整理和保护与文物的抢救、修复和保护，是开展研究工作的最基础性的工作，也是保存历史文化遗产的重要工作。

6. 强化职能，加大古镇保护的执法力度

著名古建筑专家罗哲文曾在长沙"古城保护"论坛上说："面对数量极多、亟须保护的文物古迹，如何把有限的人力和物力及时地、有效地首先投入到抢救那些濒临损毁和消失的文化遗产上去，是政府和人民共同关心和责无旁贷的事。旅游开发与文化遗产保护其实并不矛盾，如果我们在做好文化遗产保护的措施上再进行产业开发，那不仅是一代人的利益保障，而且是子子孙孙多少代人取之不竭的财富资源。所以我们不能只顾眼前经济效益，去做损害子孙后代的事。"古镇的保护工作涉及的职能部门众多，有土地、城建、公安、工商、林业、基层政府等，由于部门利益不一致，仅靠协调难以解决。建议由政府挂牌督办，严厉查处，一抓到底，引起各级政府、相关部门和老百姓对此项工作的高度重视。朱家角是江南水乡众多古镇中的一个，但却是独一无二的一个。古镇的历史文物建筑，是水乡涌动流淌的血脉，记录着古镇发展的轨迹，承载着灿烂的水乡文化。尊重历史，保护古镇民居的历史原貌，才能让这老祖宗留给我们的丰厚文化遗产传承有序，发扬光大。

（四）启示

民居建筑的传统旅游开发与文化旅游开发都各有优缺点，传统的开发模式适合单个具有较高文化价值的遗产类民居建筑单体，而文化旅游开发则适合文化保护区内民居建筑的整体保护与发展。民居建筑的旅游开发具有两面性，因此，要平衡好民居建筑保护与开发之间的关系，根据民居建筑的特点选择合适的开发模式，以保证民居建筑的可持续发展。

民居可以说是建筑的一种方言，它将一个地区的人文地理以建筑的形式表现，是这个地区特有文化性格的展现。现存的民居建筑早已为数不多，为了保护这些古老建筑的艺术文化价值，延续传统文脉，政府对仅剩下的古老民居采取了一系列措施，一部分民居根据其自身特点和条件进行保护更新，如打造古镇、历史街区等，一部分对其指定保护计划，实行修缮挂牌保护。

1. 整体环境的保护

保护整体环境，必须要基于该民居建筑的地域性特色。首先保护该地域的人文环境、水网系统和自然景观等，具体分为三个层次：核心保护区、建设控制区和环境协调区，将民居建筑周边自然环境与生态环境都进行保护。根据现状及规划的需要，相应采取分类措施，使得每一座民居建筑能够在形制、风貌、功能等方面得到明确的落实，从而有利于保持民居建筑的风貌特色。转变传统的保护方式，创新保护利用方式，可尝试多种活化的具体呈现形式，丰富保护利用方式。

2. 历史空间环境的保护

对于传统民居建筑的整体空间格局需要进行整体的规划保护，将附近内外的水网、路网系统以及建筑空间环境进行梳理整合，对重点区域的民居建筑及空间进行重新设计，恢复传统民居的历史文化空间，对街区的功能定位、空间格局、土地利用、文化资源、交通市政、人口密度等进行认真研究，根据需要或者对已有的规划作进一步深化、细化、调整，或者制定新的更加科学的规划，更好、更有针对性地提高民居及景观环境的质量。

3. 传统生活形态的延续

把古人遗留下来的一些民俗活动、和村民生活息息相关的传统文化和传统生活方式延续下来，加强当地居民的保护观念。通过公关场地，与民居建筑相结合，营造出传统文化的空间，人们可以在这里相互交流，增进感情，同时游客也可以在这里感受当地的民俗文化。

4. 功能定位

民居建筑规划目标是希望通过对其进行挖掘与再开发，重新激发起它的活力，并提升其历史价值与文化价值，有利于产生积极的社会效益。上述实例中，综合考虑了民居的地理位置、历史人文、城市职能、风貌保护等要素，确定其功能定位，并优化与完善其功能，从而对各类要素的保护与更新提出指导性的调整。在城市现代化的发展过程中，传统文化与城市现代文化之间可以相互促进。一方面在功能结构、建筑保护方面既延续了民族特色，也适当增加了时代特征，使得民居建筑呈现多元化。另一方面，传统民居作为历史资源，其物质与非物质要素具有独特性，将其与现代业态结合，如旅游业、商业等结合，不仅可以吸引大量人群，促进经济的发展，也可以使民居建筑或街区充满活力。

5. 政府主导，多方合作

加强民居建筑的保护和合理开发利用，一是充分发挥各级政府的主导作用，包括历史建筑保护管理在内的社会公共事业管理，是政府承担社会服务职责最重要的体现之一。可由政府相关部门负责统筹指导协调，并引导公有房屋管理单位和社会多方力量共同参与实施。二是明确各方的具体职责与任务。政府主要制定历史建筑管理的标准和规则、法规和政策，承担历史建筑的认定、老旧公有房屋的调剂、置换房源的提供、财政资金的安排工作；市国土资源和房屋局主要负责承担全市历史建筑保护利用方案、计划的实施，监督房源安置，以及市、区财政资金的落实与使用。三是积极寻求政策支持。政府大力支持和政府扶持保障是确保历史建筑保护与利用顺利实施的关键。对需要在历史建筑遗址上翻建、改造、利用的国有直管公房、单位自管公房及房改售出公房，从有利于历史建筑保护与利用出发，规划部门给予政策倾斜，并充分利用历史建筑的地下空间、地上建筑物，层高按商业需要的层高标准，参照周边的建筑风格进行改造利用，在不影响建筑周边建筑外观要求的情况下，适当增加建筑物的高度。房屋管理部门给予手续办理的政策支持，对经翻建、改建、改造增加的面积给予国有房屋产权或使用权的认定。

二、在文旅融合背景下民居建筑保护更新的原则

现代人对于民居建筑的识别和利用，主要通过文化价值来识别。然而，从旅游规划的视角来看，我们不能简单地、绝对地将文化价值融入旅游市场，因为判别民居建筑，包括许多因素：功能、建筑材料、装饰和文化形式。我们应该结合文化价值，从许多因素中促进文旅融合的全面发展。

在旅游市场高速发展的今天，很多有历史价值的民居大面积被破坏，但有一些民居建筑遗留在城市中，这些民居建筑是人们了解历史和体验居民生活的重要载体。"文化旅游"的概念由美国Mcintosh和Gebert（1977）在《旅游学——要素·实践·基本理论》一书中提出，国内最早关于"文化旅游"的发布是在2009年《关于促进文化与旅游结合发展的指导意见》中提出："文化是旅游的灵魂，旅游是文化的重要载体。"这是文旅融合的理论基础，由此国内学界开始探索和深化文旅融合研究，各地纷纷设立文旅开发公司，相应的国家于2018年重组设立"国家文化和旅游部"。同济大学建筑与城市规划学院教授阮仪三先生指出文化遗产的保护与开发要体现原真性和整体性，这样才能体现出历史的风貌，将其文化内涵与形成要素融入旅游开发。因此，在发展旅游的过程中，既要强调民居建筑保护，又要对不同地域的社会文化原真性和整体性进行研究，在文旅融合的理念下进行民居建筑的活化更新。

（一）地域性原则

地域性是传统民居的特色所在。地域性来源于传统民居对其所处地区自然与人文环境的回应，是其建筑特色的重要体现。传统民居建筑的地域特色是由当地的地形地貌、气候环境以及社会习俗、人文环境等多个因素融合而产生的，具体体现在其独特的院落格局、空间布局、立面特征及细部装饰等方面。当地传统民居建筑特色鲜明，体现着当地深厚的文化底蕴。因此，在更新改造过程中应尊重其历史样式与发展规律，在充分考虑再现当地的空间格局与文脉特征的前提下，保持该地区肌理的完整性

与风貌的独特性。在遵循地域性原则的基础上，体现传统民居中对自然环境与人文环境产生回应的要素。

（二）活态保护原则

对于民居建筑的保护，不应该以静态的方式对待，静态地闭塞有价值的传统村落，迁出原有村民，封闭式保护，只会让传统村落的发展与现代社会越走越远，传统与现代化的矛盾和冲突日益增加。为了使得传统村落和民居建筑重新获得生机，民居建筑的保护要和现代化的理念相结合，让村民也参与其中，才能活态地进行保护和可持续的发展。

（三）原真性保护原则

文化遗产保护的首要原则是原真性。传统民居建筑之所以让人向往、留恋，一个重要的原因在于它的"原生态"，传统民居建筑中的保护具有原真性，拒绝使用现代技艺，只做表面功夫，不可随意建造仿建、乱建，发展尊重建筑的差异和特色，保护其原有的基本格局、肌理与风貌，还原民居建筑原本的风貌。物质文化遗产的保护是指构件的修缮需要遵循"修旧如旧"的基础，修缮过程中使用原材料、原技艺，还原构件原本完整的历史面目；禁止为了旅游观光而将历史建筑重建，或是修建仿古建筑等行为，这些为了经济效益打着"恢复历史"而出现的"假古董""伪文化"，严重破坏了部分民居建筑的真实性和历史价值。只有它的原状才能具有真实的历史价值。对原状的任何改变，不论是好是坏，都改变了这种文物的历史真实性，也就是它的史料价值。只有客观地看待历史、尊重历史，才是对文化遗产真正意义上的保护和继承。

（四）延续性原则

延续性是传统民居的价值传承所在。延续性是指传统民居中社会与文化价值的传承，是建筑发展过程中保持其形式与风貌等要素稳定性的重要前提。传统民居的延续性主要体现在其形制、结构、材料与构造细部等要素方面，在建筑及其发展演变过程中表达了连续性。虽然传统民居总是处于一个动态发展的过程中，但对其更新改造过程而言，也应该在遵循延续性原则的前提下，保证建筑发展演变过程的稳定与连续，避免由于过分改造与介入所可能带来的建筑特色的削弱。并通过提高传统民居内外空间的质量，优化建筑原有功能等方式，为村民提供舒适的居住环境，并在此基础上延续当地建筑风貌特色与传统历史文化。

（五）适宜性原则

适宜性是传统民居得以延续的根本所在。适宜性是传统民居在其发展演变过程中适应当地自然环境与村民生活，并使其得以发展与延续的根本要求。在更新改造过程中，建筑适宜性的体现就是要在传承当地传统建筑文化和地方材料技术的同时，吸纳适宜当地自然与社会条件的新技术和新方法。在满足建筑现阶段使用要求的前提下，对于当地传统民居未来发展的可能性进行相应的考虑与适当的探索。使传统民居在适宜当地自然与人文环境的同时，也能够更加适宜村民生活，为建筑可持续发展创造必要的条件与可能性。

三、民居建筑文化旅游开发的影响因素

民居建筑文化旅游开发的影响因素内容见图5-3。

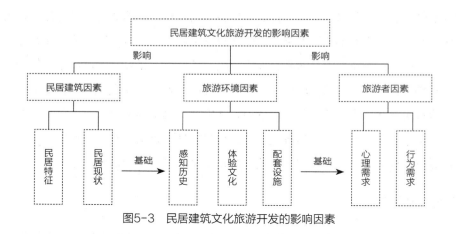

图5-3　民居建筑文化旅游开发的影响因素

（一）民居建筑自身因素

民居建筑遗存承载了一个地区的社会状态，具有一定的科学及艺术价值，反映了地域历史风貌和特色。民居建筑自身的类型特征（包括功能、布局、形式、构造、材料、材料、环境等）以及保护与利用情况直接影响了其文化旅游的开发，文化旅游的开发需要根据历史建筑的自身条件，以保护为前提，合理有效地利用起来。

（二）民居建筑的外部条件

即文化旅游的环境，包括已开发度（核心吸引物及文化旅游景点）、所在地的可达性、与其他旅游地的关系（即旅游路线）、基础设施和旅游配套设施情况等。首先，民居建筑的文化旅游开发需要对建筑的现状条件进行充分评估，根据建筑的文化价值的高低设置出不同类型的旅游吸引物，满足旅游者的行为需求和心理需求，例如历史文化价值较高的核心吸引物、历史文化博物馆和特色历史建筑群等。然后通过不同的主题功能定位及流线组织设计合理的文化旅游路线，将这些文化旅游吸引物有机地串联起来，使旅游者在时间的流动和活动的进行中，积极地、动态地进行旅游参与和体验，在这种动态体验中得出对历史建筑整体风貌的认识。除此之外，民居建筑的文化旅游开发需要有完善的配套设施的设计，更加注重文化的延续与表达。

（三）旅游者因素

旅游者因素包括游客的旅游目的、游客偏好、游客的需求及游客的满意度等。其中游客的心理需求和行为需求直接影响了民居建筑的文化旅游开发。旅游者在进行文化旅游的活动时，希望从这些历史建筑当中体验文化、感知历史，从而使地域文化得以延续与传播。因此民居建筑需要通过合理的更新设计满足旅游者的需求，在实现其经济效益的同时实现其社会效益。

四、在文旅融合背景下民居建筑的保护更新策略

在旅游业发展的同时，越来越多的人习惯将旅游等休闲活动安排在工作之余，以达到减轻压力、放松身心的目的。2014年我国首次提出经济进入新常态，传统的大多数产业模式亟须转型发展，而旅游业的发展也在随着新常态的经济发展背景而向着全域旅游转变，这将是旅游体验质量上的进步。在这种文旅融合的背景下，对拥有很高价值的众多民居建筑保护的态度出现力不从心的情况。本章正是对这种背景下民居建筑保护更新策略的研究，从自然生态、建筑空间、文化层面以及社会经济四点进行阐述。

（一）自然生态

因地制宜，利用生态环境的优势和利处，以降低能耗为目标。首先民居因地制宜，将居住环境融入大自然中，也是大自然的延续。比如窑洞可以起到保留耕地、节约土地

的作用，这种居住方式不仅冬暖夏凉，同时也保护了生态，促进了农业的进步。传统民居充分地利用生态环境的优势和利处，将前人的智慧铭刻在建筑当中，我们更应延续这种生态营建思想。其次从民居的建筑场地方面思考，要考虑山川、河流、植被对建筑场地的影响，包括朝向、定位等。

在设计中，我们尽量使用可再生资源，比如太阳光、自然采光、通风等。在降低建筑成本的同时，多使用当地技术和可再生的环境材料，这样有利于地域性建筑的节能环保和可再生设计。在尽量节约能源消耗的同时，创造好的声、光环境，为居民的生活创造更好的未来。

在延续传统和文脉的同时，融合现代化的生活方式和理念，采用适宜技术，使温度、湿度和通风达到宜人的程度，注意建筑的安全性，完善民居民住的生态系统。合理规划和调整伴生物种群和寄生种群，制定一定的卫生标准，防止疾病的出现和传播，在设计时还应注意建筑的安全性，提高防灾能力，为使用者建立一个更加安全的生活环境。完善通信系统，加强信息的流动沟通，使居民居住的生态系统更加方便地沟通外界。

重视建筑和自然环境的联系。在中国存在上千年的民居一直与自然环境保持着一种特殊的联系，而民居的存在也一直遵循着"天人合一"的原则，即建筑、人与自然环境的和谐共存，"天人合一"的思想强调人和自然的沟通，以此来达成一个自然、健康、宜人的人居环境。民居庭院分为开放式和围合式，所谓开放式，即指自然界中植物自然划分的空间，围合式是指庭院用篱笆、围墙等围成一个闭合的空间。庭院对于民居来说是非常重要的一部分，所以我们应该尽量使庭院保持开放和自然，根据庭院不同的功能和作用，在设计时保持庭院生态和绿色。建筑物理环境方面，建立自然采光系统、通风系统和空气循环系统，建立自然与绿化系统的循环。

民居"绿色再生"，坚持将现代科技与传统技术相结合，对本土材料进行改进，保护了民居的自然生态性，增加多功能交叉空间。保护民居生态系统与城市生态系统的互补关系，建造复合型的农村民居生态，根据不同地区的地域类型、气候、经济等，因地制宜，建造不同的民居生态系统。为农村居民建造低能耗、高质量的生态民居，并且对自然资源加以利用，如风能、太阳能等。完美地结合传统文化和生态化技术，为人们建造满足生活需求的可持续发展的绿色住宅。

（二）建筑空间

社会的进步、时代的发展，都对民居建筑的去留有很重要的影响。不同的时代有着不同的生活方式和文化形式，新时代自然有新的生活方式和对建筑功能上的要求。为了能使民居建筑有延续性，能够在时代发展中以优秀的传统文化为承载内容而保留历史建筑。因此，首先要对民居建筑的使用功能进行更新，民居建筑功能的更新分两部分：

1. 功能置换

将原有历史建筑的个人住宅、小型办公等功能置换成以商业主导的酒店、餐厅、宾馆等餐饮住宿功能，或是以文化传播为主导的展览展示功能。让具体的使用功能尽可能接近历史建筑原来的使用功能。通过对历史建筑功能的更新，使历史建筑重新作为一个城市重要的人文资源和建设发展动力，这就是使历史建筑复活、再生、继续生长的过程。对历史建筑的妥善保护与科学更新，不仅有助于散发其本身的文化魅力，更能在盘活房产、旅游观光等市场层面上带来经济收益。对于历史建筑，在不破坏城市文脉和环境肌理的条件下，进行改造再生，可以有效地完善城市服务功能，增强城市发展历史的厚重感，体现对城市文化遗产的可持续发展利用。

2. 围绕自身历史文化背景

民居建筑再生的一系列活动要围绕历史建筑自身的历史文化背景。自身的历史文化背景是历史民居的文化本底，对民居建筑的保护不仅是对其建筑和物质空间的保护，更重要的意义在于传承聚居地的文化传统，保护历史名人、行业发展、历史事件，无论是博物馆的保护还是商业再利用的民居利用，都需尊重民居建筑自身的历史文化背景。

王靖国公馆历史建筑（图5-4），位于太原市杏花岭区西华门。建于20世纪20年代的这座四合院，最初为阎锡山十三高干之一李冠洋先生所建，后成阎军高级军官王靖国的公馆。1936年红军东征时，前锋曾到达太原附近，阎锡山遂命腾出公馆作为临时指挥部。太原解放后，王靖国公馆作为敌伪产业被收归国有，成为机关单位办公用房，其中正院、东院和西院由太原市百货公司使用。20世纪80年代以后，随着旧城改造在全国范围内的兴起，太原市老城区传统民居被大片拆除，这座昔日占地面积约5亩的大院，在

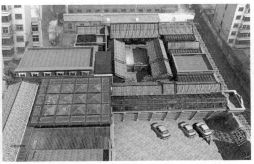

图5-4　太原王公馆历史建筑的更新（左：王公馆古院落鸟瞰原貌，右：王公馆古院落鸟瞰图）

一些使用单位的拆除改建工程之后，仅留存百货公司所占正院及东西两个跨院，长达50多年的使用中，百货公司除将东院部分房屋拆除改建成一座锅炉房外，再未对院内其余建筑动过"大手术"。因而虽有地基下沉、墙面裂缝、屋顶塌陷等问题，但整个四合院的房屋建筑、原有格局和建筑风格并无大的改变。这座四合院虽然不无破败之态，但其高大敞阔的架构和建筑细节的考究，以及跨院内幽暗的防空洞和不知其所向的地道，无一不在讲述着昔日主人非同一般的权势和地位。在王公馆历史建筑更新之前，它孤立在高楼大厦的空隙间，艰难地承载着那段战火时代的历史记忆。王公馆是非文物保护的历史建筑。对王公馆的更新在于其功能上的调整。王公馆通过功能置换，将以商业为主导的餐饮住宿功能引入历史建筑的空间中去。让建筑具体的使用功能尽可能接近历史建筑原来的使用功能，将餐饮和住宿功能安排在原作为私人住宅的历史建筑中，原来是住宿的，就安排了高级客房，原来是餐厅的，就安排豪华包间。这样一来，保证了历史建筑的功能和空间布局上的整体性。通过王公馆历史建筑功能的更新，使这座历经一个世纪风雨的历史建筑在新时代中继续向人们展示它所承载的历史文化。

3. 让新材料穿越历史的记忆

在历史建筑的再生中，材料是很重要的一个技术手段。新材料的使用是必然的。合理地使用现代技术与材料，展现建筑的历史个性，让历史建筑更好地发挥自身的用途。非传统的建筑、装饰材料在历史建筑中的使用，可以让历史建筑更好地在新时代中再生，延续它的历史使命。历史建筑原本的材料类型如木材、砖材、石材等，要么容易陈旧、腐朽、变形，要么长度、宽度受到局限，要么自重大，在技术上难以处理等。例如木结构的历史建筑，其主材木材就会受到材料尺度、耐久性的影响，历经几百年保存到如今，都会有不同程度的弯曲变形、腐烂、虫蛀，总是有着诸多的局限性。而通过历史建筑材料的更新，例如使用钢、水泥、玻璃等材料，就会有很好的建筑尺度、建筑耐久性的解决方案。这样一来，通过对历史建筑材料的更新，不仅将历史建筑的形式保留下来，而且把历史建筑的文化留住。

在王公馆历史建筑（图5-5）的更新中，对材料的使用是十分悉心的。由于功能的调整，必然有许多新材料的使用。正是有了这些新材料，才使历史建筑空间实现功能上的更新。材料的更新和新材料的使用，得以实现功能的更新、空间的重新使用，同时赋予历史建筑空间以时代的意义，让优秀的传统文化在新时代中得以传承延续。在王公馆的设计中，将原来古院落的入口改作景观长廊，这样的设计不仅满足了连接古院落和大厅的功能，更加增添了空间重点单元与入口的时序感，强调了空间的序列。在这里，设计使用了非传统的建筑材料，比如玻璃的长廊顶棚，包括支撑顶棚的木材结构。虽然木材

图5-5　太原王公馆历史建筑古院落入口景观长廊（左：景观长廊实景，右：设计效果图）

是传统建筑材料，但是结构和灯具的设计是一种新时代的设计。作为设计师，希望这种设计能够很好地与历史形成对话，以一种对话的形式将传统的、民族的文化传承下来。

位于山西灵石县静升镇的王家大院是清代民居建筑的集大成者，由太原王氏后裔——静升王家于清康熙、雍正、乾隆、嘉庆年间先后建成。"五堡"的院落总面积达25万平方米以上，其中崇宁堡建筑群的总体布局，既隐一个"王"字在内，又隐含着龙的造型；崇宁堡与红门堡、高家崖三组建筑群比肩相连，皆黄土高坡上的全封闭城堡式建筑，在保持窑洞瓦房的北方传统民居共性的同时，又显现出了各自卓越的个性风采。崇宁堡依山就势，随形生变，层楼叠院，错落有致，气势宏伟，功能齐备，继承了前堂后寝的传统庭院风格；为顺应地形，建筑意象为"虎卧西岗"的院落布局，整体建筑斜倚高坡，负阴抱阳，堡墙高耸，院落参差，古朴粗犷，近于明代风格。其匠心独运的砖雕、木雕、石雕，装饰典雅，内涵丰富，实用而又美观，兼容南北情调，有些因出自乾隆早期，古朴粗犷，还保留着明代风格；大多数则同高家崖一样，皆清代纤细繁密之典范。对崇宁堡历史建筑（图5-6）的再生慎重地使用了非传统的建筑装饰材料，如水泥、钢材、玻璃等。在墙面装饰材料中，设计指定使用硅藻泥饰面，因为考虑传统的窑洞建筑室内墙面都有不同程度的潮湿、霉变，而硅藻泥的使用可以防止室内墙面出现潮湿、霉变的现象。这样一来，增强了历史建筑室内空间使用的耐久度、舒适度。

4. 民居建筑改造中的色彩设计

因为不同的民居建筑与色彩有着千丝万缕的联系，也是民居改造不可忽视的要素，在民居保护和更新中有着重要的意义。根据区域地理环境、人文特征和建筑材料等综合

图5-6　王家大院崇宁堡历史建筑更新

要素的色彩特征，外加其地域背后的政治、经济、文化等制约条件，深层次地了解建筑色彩的特殊性和必然性，把握民居的历史精髓。

四合院是北京民居建筑的典型代表，从宏观尺度来观察北京民居建筑，古老的四合院以大面积的坡屋面覆盖着灰色的瓦片，与建筑的青灰色清水砖墙，形成北京四合院所特有的灰色调的建筑群，显示着一种朴素的城市平民文化。同时，灰色调也很好地衬托着紫禁城的金碧辉煌。北京四合院民居建筑群无论从色彩的明度还是色彩的纯度上都是高度统一的灰色调，弱对比。但是在北京古老胡同中的历史民居是红色的四合院大门在青灰墙界面中交替出现，灰色的谦和把浓重的红色强有力地推进人们的视野里，给人强烈的四合院红门印象。步入四合院，在灰墙的衬托下，我们可以看到浓重的红色、绿色等装饰色彩，给人以灰调浓彩的视觉感受。灰调是灰瓦和青灰色砖形成的，浓彩则是指点缀其间的高纯度的红色大门和青绿建筑彩画等，它们巧妙地组合在一起。北京四合院色彩大体可以归纳为以青灰色为主色，大红色为搭配色，绿、蓝、金色为点缀色的色彩组合。这样的色彩运用与厚重的建筑形体相搭配，更凸显了北京四合院的庄重大方和古朴典雅（图5-7）。

晋中民居院落是山西民居的代表。晋中民居多为传统民居建筑群，从高处俯瞰，院落相连，屋顶相互搭接，悬山顶、歇山顶、硬山顶、卷棚顶等均以灰瓦覆盖，平面顶也为灰色。墙体多由青砖砌成，单坡屋顶以灰瓦覆盖，二者赋予晋中民居院落灰色的整体色调。大面积的灰瓦屋顶、灰墙和栗色的门窗，形成明度对比的灰色调。在晋中民居的细部上呈现出的色彩特征是灰调重彩。灰调是灰瓦和灰色砖形成的，重彩则是指点缀其间的明度很低的栗褐色、褐黑色的门、窗、真金彩绘等。砖雕、石雕整体上是砖石的本

图5-7　北京民居四合院

图5-8　晋中民居院落

色，木雕色彩和窗户色彩一致为栗褐色，典雅大方，外露柱子色彩比门窗更深，为褐黑色。在木石本色、栗褐色、褐黑色的点缀之下，铺天盖地的素色砖墙不仅没有褪尽颜色的乏味感，反而相映成趣，增添了晋中民居院落灰色调的古朴与庄严（图5-8）。因此，在晋中民居院落改造的色彩控制应当以中调的色彩明度、低长调的色彩纯度为控制原则。在用色体系上是以木石本色的灰褐色为主，有一定面积的金色、栗褐色、褐黑色的低纯度、低明度的色彩对比，在细部上有高纯度的色彩作为装饰，即为协调性对比。因而，色彩设计的创造引导性原则会为色彩设计的创作留下广阔的空间。

（三）文化层面

通过更新历史建筑的文化形式，传承传统文化历史建筑的更新，不仅是简单的对历史建筑的修缮，而是运用建筑美学理论的分析与研究，让改造和重生后的历史建筑与周边环境互相衬托，同时赋予其新时代的文化形式。历史建筑的再生，其实是一次在建筑形象与环境艺术设计上的尝试和体验，是一种新的文化形式的设计和尝试。

太原王公馆历史建筑是民国时代建筑（图5-9）。在王公馆建筑装饰的细部充满异域风采；这些异域风采通过与传统风格的融合，形成了一强烈时代性特色。在王公馆历史建筑的更新中，经营团队和设计团队充分尊重这种时代性的特色以及它背后所蕴藏的时代信息，通过功能和材料上的更新，将这个空间以全新的面貌展现给空间使用者。而空间使用者更加关注的是空间中这种富有时代性的历史信息。通过这种文化形式的更新，设计师将历史建筑的文脉保留下来，将历史和优秀的传统延续下去。历史建筑的更新，不仅是对历史建筑的功能和材料上的更新，更多的是一种文化形式的更新。设计不是简单的传统的堆砌，更重要的是文化记忆的延续。在对历史建筑的更新和再生中，重塑传统文化。

图5-9　左：太原王公馆民居建筑的更新，右：太原王公馆民居建筑旧貌

　　平遥云锦成历史建筑（图5-10）位于世界文化遗产平遥古城。云锦成民俗酒店地处平遥明清街、西大街，是平遥古城历史上最繁华的地段，由18个明清风格的传统民居院落组成。云锦成历史建筑是明清晋商的豪门老宅，宅院及"云锦成"商号都拥有300年的历史。明清晋商豪门老宅，高规格，大门面。虽然这里地处繁华明清街，但庭院深深，雅致幽静。通过功能上的更新，将原来的民居更新成为如今的民俗酒店。原来云锦成历史建筑是平遥典型的前店后院的历史民居，在平遥成功申请世界文化遗产之后，旅游业也开始从简单的观光旅游发展为体验旅游、文化旅游。作为文化旅游的一种典型产

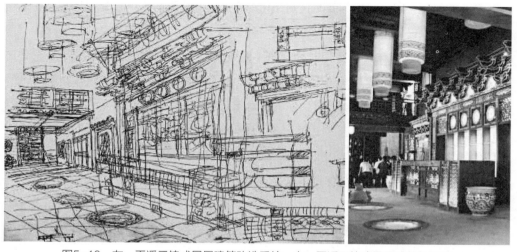

图5-10　左：平遥云锦成民居建筑改造手绘，右：平遥云锦成民居建筑的更新

业，民俗酒店将原来居住为主的历史建筑使用功能，更新成为以商业为主导的餐饮住宿功能。以商业为主导的这种文化体验旅游的产业模式，更好地发展了当地经济，也同时将民族文化以体验旅游的形式与空间使用者形成一种互动，将传统文化传承下来。

在云锦成历史建筑更新的设计中，作为酒店的"云锦成"需要吧台、接待区、卫生间、酒柜、形象墙等，但是这些在传统民居中是找不到的，而这样的设计在国内也缺乏相应的实践经验。设计师从儿时故乡平遥的记忆中提取要素，如斗栱、彩绘、水缸、推光漆艺、木雕、石雕等，找到了设计的灵感，将这些要素重新组合。斗栱及彩绘构成了形象墙；有水缸来源的地面用金鱼池装饰；吧台上以古董陈设；还有推光漆的吧台、窗棂纹样的透光背景、砖雕影壁来源的吧台背景墙、卫生间的石雕洗面台等。设计师将对平遥的记忆和对故乡的热情都倾注于此，为酒店营造了古典优雅的氛围，票号文化氛围浓厚。云锦成历史建筑的更新，不仅是对历史建筑的功能和材料上的更新，更多的是一种文化形式的更新。设计中通过室内空间的重新组合、装饰语言的运用，以及空间功能的更新，云锦成历史建筑的空间得以再生。更新成为民俗酒店的"云锦成"，会更好地使传统建筑在人们的日常工作生活中延续下来，同时使历史民居的认知记忆在大家的脑海中保留下来。在对历史建筑的更新和再生中，重塑传统文化。

结合民俗文化的旅游主题策划，对不同类型、价值的历史建筑以及旅游者的多元化需求进行合理的主题功能定位、系统的整合开发，文化主题应该突出民居建筑的特色、历史与文化。根据不同定位，合理对民居建筑进行更新改造，创造出不同功能空间的文化旅游产品，比如文化展示区、民俗传统商业作坊区、民俗生活体验区和民俗休闲客栈等，完善文化旅游配套设施来满足游客多元化的需求。

在街区尺度中，平遥古城的建筑空间成为组织区域公共生活、民俗活动、社会交往的重要场所，同时也是街巷序列的引导、过渡空间，深刻影响着街区的文化特质，其表现出较强的实用性和功利性特征。平遥古城文化积淀非常深厚，是汉族文化传承的重要符号。平遥古城经过数千年的历史变迁，留下了各个时期不同的文化印记，建筑特点、寺庙、宗教因素、吏治文化、儒学传统等多种文化元素，构成古城多彩灿烂的文化特色。平遥牛肉、推光漆器、长山药、剪纸、布鞋等土特产品享有盛誉，百余种地方风味小吃、民间传统风土人情等赋予了古城极其丰富的文化内涵。平遥古城的商业金融曾繁荣一时，是近代银行业发展的历史见证。早在明代，平遥就已经是繁华的商业中心，店铺林立，商贾云集。平遥古城是晋商发祥地，平遥票号是中国金融发展史的重要里程碑，古城票号占清代全国票号总数近一半，分号遍布全国各大商埠和日本、新加坡等地。古城西大街遗风犹存，被誉为清代"华尔街"，多家票号、商行向游人们展示古城曾经的辉煌繁盛，仿佛仍能感受到店铺的琳琅满目、票号镖局的人流如织。

居住功能置换为商业功能，在发展过程中，需保留原本的建筑样式，同时引进新的现代化建筑，互相影响，互相作用。一方面能够使传统建筑得以保留继承城市记忆，另一方面可以通过原有的旧环境带动新环境的发展，为商业化进程奠定基础。仍以休闲娱乐小吃为主，没有脱离市井生活氛围，在保留原先街区格局的同时，延续部分院落和街巷的地域特点，在改造过程中，使得文化价值整体得到回归。

在平遥古城被评为世界文化遗产并开始进行保护规划的最初时期，为了便于管理和保护，古城内大部分的居民被迁出，搬到了城外居住。同时，古城内的学校、理发店、诊所药房等用于公共服务的设施也被迁出，仅将建筑保留下来，原有房屋部分变成了客栈、酒馆、店铺、饭馆等，游客络绎不绝。调查发现，除去南大街、明清一条街等主干道以外，古城其他部分有多处迁出的民居、学校、诊所、零售店等原始建筑并未被保护或利用，大门紧闭、无人管理，透过木质大门的缝隙可以看到建筑屋顶及院落里早已长满野草。有些建筑的房屋及院墙甚至已经倒塌，看起来破败不堪（图5-11、图5-12）。即使是当地居民正在居住使用的院落，也有多处存在院墙倒塌等安全隐患，保存情况并不好。居民的生活环境也较为落后，与现代生活的适应性较差。

平遥古城保存下来的明清建筑数量庞大，对于残破的建筑而言，首先需要进行定级。对于较为重要及独特的建筑，如果可以找到其完整时的图像及文字资料，或可以进行局部复原。以墙基残垣为基础，用现代先进材料搭起骨架，表现出当时的房屋构造和院落布局即可。这样既减少了后期整体复原对于目前遗存的破坏，又避免复原后的建筑与周围原始建筑格格不入。

对于不甚有特点及历史艺术等价值的破败民居遗存，或可以进行开发利用，在尽量保存原始结构和布局的同时，对房屋及院落进行管理规划，将其用于公共服务方面，以满足城内居民及游客的日常生活需求，并利用说明标识牌向游客讲解其原始用途，附上

图5-11 古城东南角一处空置的民居院落

图5-12 南城墙俯视古城南缘一处破败民居

修缮前后的照片来对比说明。对于学校、诊所等建筑遗存，可以对其进行修缮，并酌情恢复其原有用途。可将学校改成平遥古城的教育博物馆，用来展示学校历史、古城内的居民的学习生活等内容；而诊所也可以继续为城内的居民进行卫生服务，便民惠民，两全其美。在保护文化遗产的前提之下，充分利用残破的建筑满足城内居民的日常生活需求，将较无特色的残破民居改成药店、理发店、生活用品超市、工具修理店铺（如剪刀铺、五金店等传统店铺）、小公园等，并对正在使用的民居进行修缮，以提高居民生活质量，改善生活环境，增强古城的基础服务功能。

（四）社会经济

1. 政府征收保护

（1）原址保护。民居建筑原址在进行成片保护利用时，由政府征收为国有土地后再进行保护一般应作为首选方式，否则很难推进保护利用工作。政府统一征收历史风貌片区内的集体土地，收购地上房屋实施保护管理的方式，有利于对古民居资源进行统一规划，协调保护与利用，明确发展的定位及特色，便于引导及控制利用的方式、业态类型等。对于产权复杂、确定产权关系成本过高的古民居，建议不对房屋产权关系进行界定，由政府基于历史风貌建筑保护的理由，对古民居进行代管，但需进行证据保全工作。现实情况下政府征收的方式存在的困难在于实施征收困难。

（2）政府根据建筑物的评估价值收购古民居，对产权人以经济赔偿的方式进行补偿。该方式的优点为不涉及用地权属，可迁移至其他历史风貌片区统一保护利用；但异地迁移打断了建筑与其所在环境关系的延续，一定程度影响了文化的原真性。

（3）政府给予资金支持，管委会实施片区危房改造、基础设施建设、景观整治及配套公共服务设施的完善。管理运营公司根据规划实施项目开发，涉及建筑改造的，方案必须经管委会初审后，报建设部门审查，并按照其变更的功能，办理相关经营手续。管理运营公司根据需求实行物业租赁，但经营项目需经管理运营公司审核，由管委会核实明确建筑不属于保护范围，并由村民或投资者承担协调、支持的工作（图5-13）。

2. 租赁保护（以盈利为目的）

古民居建筑房屋所有权不变，由产权人（管理人）与政府或政府相关管理机构达成租赁保护的协议，政府获得一定期限的建筑使用权，负责古民居的修缮改造及日常维护，并按照规划进行功能更新及利用，产权人收取房屋租金。租赁保护的方式，由于维持原有的权属关系，且产权人（管理人）通过租金保障了持续的收入利益，调动了产权人的积极性；这种方式适用于产权人未居住或有能力异地居住的古民居，以及权属关系

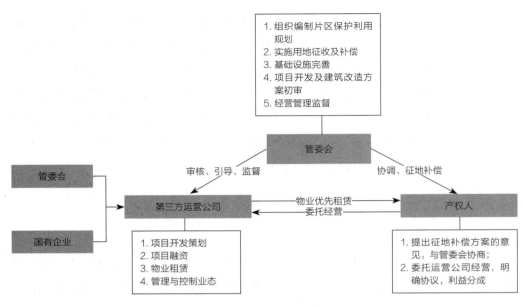

图5-13　政府主导的管理机制示意图

复杂的古民居，只适合针对个别房屋实施，如大规模采用，将因为前期谈判、协议的冗长过程，以及协议的风险性等问题，大幅度增加保护利用的成本，使整体保护利用工作难以推进。

　　租赁保护存在的困难为，合作协议的保障体制尚不完善的情况下，产权人有毁约的可能性；由于协议的风险性及有限的经营权，在古民居保护利用初期吸引投资者较为困难。因此租赁方式的原址保护必须由政府或政府相关管理机构与产权人（管理者）签订协议，至少也需要政府部门作为担保才能消除社会资本投资者的担心。

　　管委会制定征地补偿方案，承担征地补偿成本，并负责与产权人的协商，执行征地补偿工作。补偿方式如上所述，涉及村民宅基地置换，由管委会同国土部门负责落实。采取房屋租赁方式的，由企业直接与产权人（管理人）协商并签订协议。投资企业组织编制保护利用规划，报管委会及城乡规划部门联合审查。由企业实施整体开发，包括公共服务设施的建设及项目开发，并可实行物业租赁。管委会主要对规划实施、保护措施、业态控制等方面实施监督管理。企业主导的模式更依赖于市场化手段，有利于调动投资企业的积极性，政府投入成本较低，适用于古民居利用市场发展相对稳定、成熟、管理机制相对完善的阶段。

3. 产权持有者（管理人）自行原址保护

　　房屋产权不变，产权人（管理人）与政府签订《保护责任书》，负责建筑的修缮、维护及管理，政府给予一定资金及技术等方面的支持。产权人（管理人）需遵守历史风貌建筑保护的有关规定，不得擅自拆除建筑、改变建筑结构形式，可按照规划进行功能更新及利用。

产权人（管理人）自行保护古民居时，政府投入成本较低，保护较易实施，在产权人具备一定经济能力及保护意识的条件下，保护利用的成效较好；同时也适用个别权属复杂的古民居，但该方式目前无法普遍推广。其困难在于：古民居的产权人（管理人）多数为村民，经济基础及保护责任感较差，古民居空置及年久失修的现状证明普遍施行自行保护的可行性较低；另外即使签订《保护责任书》，也可能由于利益驱使而存在毁约风险，且政府实施监督较为困难。

管委会明确保护与利用要求，与古民居产权人（管理人）签订《保护责任书》，政府给予一定的资金与技术支持。如实施功能变更及经营利用的，需先经管委会初审，再办理相关经营手续。产权人主导的管理机制主要适用于单体建筑，且产权人有能力实施保护。由于闽南古民居现状大多为空置失修，产权人（管理人）多数不具有自行经营的能力，不适合普遍推广。

在本章中选取了自然生态、建筑空间、文化层面和社会经济四个方面。首先，通过分析民居建筑特色、建筑现状等情况对保护更新提出了相应的策略，并对具体的实施办法进行了构思。再次，根据不同民居建筑的不同现状情况和活化设计的建议制定了相应的活化设计导则。最后，根据民居建筑的活化设计导则和前文中的原则、流程对民居建筑的保护更新策略进行了活化设计构思。

本章是基于前几章对民居建筑的进展、数据库、综合评价深入研究分析，从文旅背景视角出发，将民居建筑保护更新融入文旅产业之中，使其建立相互关系。通过对民居建筑文旅开发的研究总结，确定其保护更新机制、原则和策略，从文旅形象到总体策略布局，本书的主要研究成果可归纳为以下两方面：首先阐明了民居建筑保护更新的问题与经验，总结了相对应的启示。其次是对大量历史文献资料的结合，对山西省内主要文物保护单位历史民居进行调研。并根据调研情况，在其保护、旅游开发利用等方面产生的问题，提出相应的保护更新的原则和策略，使文旅产业与民居建筑的保护更新更加紧密结合，为后续应用打下了基础。

第六章

民居建筑更新
活化应用

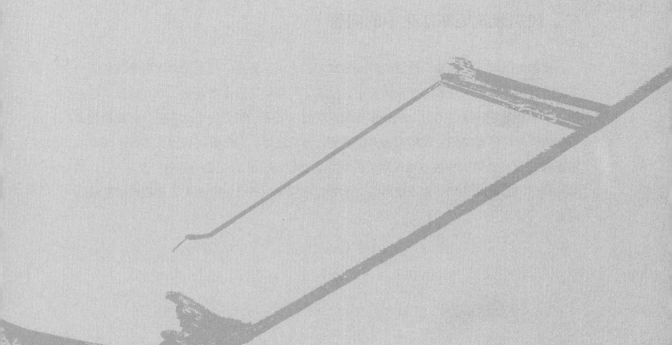

基于上一章对文旅融合的民居保护与更新策略的研究，对民居建筑活化应用进行了研究。在历史民居旅游业大力开发的背景下，许多民居建筑进行了更新，但植根其中的地方特色和文化却没能很好地延续下去。因此，本章对应用案例的民居建筑的同质化、过度商业化和空心化现象进行调研，总结出民居建筑更新时防止出现类似现象应该注重的几个方面，如功能、材料、装饰和文化的延续与更新，分析了更新改造值得借鉴的民居案例：平遥云锦成和王家大院崇宁堡，对民居建筑的活化更新具有重要的指导意义（图6-1）。

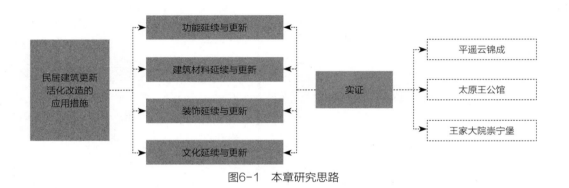

图6-1 本章研究思路

一、民居建筑更新活化中的问题

正如本书第五章论述，许多旅游开发商、店主由于资金、技术、对民居建筑认知的不足等问题，在民居建筑的文旅融合中，出现了同质化、过度商业化、空心化等问题，造成了当地地域特征的消失，使好多传统民居建筑失去了历史与文化特征，需要对其进行探索研究。笔者与研究团队实地考察平遥古城的民居，对传统民居建筑进行了细致的检查和记录，总结了平遥古城民居的同质化、过度商业化、空心化问题，见表6-1。如果这样的问题继续发酵下去，我国各个地方的地域文化将会逐渐消失，造成难以挽回的局面。

平遥古城民居建筑勘察评估附表（日期：2019-7-23） 表6-1

编号	A1	现状问题	修缮建议	编号	A2	现状问题	修缮建议	编号	A3	现状问题	修缮建议
位置	西大街	不符合地域特征（同质化）	测绘后，落架大修	位置	东大街	商店与周边风格不符（过度商业化）	对外墙颜色、材质、门口景观进行整改	位置	东大街	商店与周边风格不符（过度商业化）	对外墙颜色、材质、门牌进行更换

编号	A4	现状问题	修缮建议	编号	A5	现状问题	修缮建议	编号	A6	现状问题	修缮建议
位置	东大街	民居窄巷里杂乱（空心化）	功能更新，引入符合文旅融合的功能	位置	东大街	商店与周边风格不符（过度商业化）	去掉护栏	位置	东大街	民居设施简陋、破旧，杂乱（空心化）	拆除私搭乱建，恢复门窗样式

二、民居建筑更新活化改造的应用措施

（一）民居建筑的功能更新

民居建筑的功能更新是一种特殊的建筑保护方式，所谓"功能延续与更新"本质上是对于民居建筑的再利用。为了满足文旅融合的要求，对民居建筑功能的延续与更新中，对其有用的传统功能进行保留，其余的功能进行更新改造，提升历史民居的旅游价值。

在民居建筑的功能延续与更新的研究上，1979年，澳大利亚《巴拉宪章》中提到"对一场所进行调整使其容纳新的功能……"这一提出对传统民居和历史街区具有重大的意义。首先，民居建筑的功能延续与更新相对妥善地解决了传统民居建筑不能满足新需求的问题，避免了大拆大建的"粗暴式"城市建筑更新措施，为传统民居提供了文化与生命的延续。而与此同时，传统民居建筑在功能延续与更新的同时又尽可能地延续原有的外部形式和整体格局，相应地保留了原有街区的建筑肌理与文化内涵。其次，在社会人文经济的不断发展下，人们对于物质与精神生活的要求也逐渐升级，体验经济的发展正是这种改变的产物之一，它与功能的延续与更新具有密切的关系，本质上，它要求的是传统民居功能的多样化，以满足人们日益复杂的需求。最后，大量的传统民居保护是一项资源持续消耗的过程，而功能延续与更新可以使这种消耗呈现出一种"可持续"的态势，带来的经济效益又可以一定程度地在资金上维持建筑遗产保护的延续。传统民居的功能延续与更新，意味着将民居建筑有用的传统功能保留下来，并将新的需求功能引入传统民居建筑形式。功能的定位受到社会、经济等方面的巨大影响，传统民居的保护等级、区域的规划条件、利益的公共或者私人的导向等，都对新功能的选择有着一定的规定性。在另一方面，建筑自身的物质要素条件，如建筑群的规模、建筑空间的组合模式等，对于功能的最终定位也有着不可忽视的作用。通过民居建筑的功能延续与更新，使民居建筑的文化价值与旅游市场更好地融合。

（二）民居建筑的材料更新

为了满足文旅融合的要求，对历史民居材料的更新中，一些传统建筑材料无法满足现代功能的要求，所以新材料的使用是必然的。通过对民居建筑材料的延续与更新，不仅要将民居建筑的形式保留下来，而且要把民居建筑的文化保留下来。但有些建筑材料可以满足现在功能的需要，进行延续使用。

近年来，在业内"文旅融合"的呼声中，民居建筑活化更新如火如荼。然而，因缺乏理论研究与技术支持，许多地区民居建筑没有显现出其区域生态优势，出现营建材料单一、营建技术偏颇、农村建设滞后、地域风貌模糊等问题。因此，建筑材料的研发与制造随着现代工业的崛起与进步，呈现出多元化和环保的发展趋势。从第二次世界大战后现代主义建筑的萌芽伊始，建筑师惯常使用玻璃和钢到如今建筑师们探索传统材料的多种利用方式，以及通过技术改进使其更好地适应现代建筑的需求，这些无不体现着传统材料本身的能量与文化特点越来越被人们所重视。其中材料蕴含的能量是指其生长或生产、成型、加工和装运所耗去的所有能源总和，就地取材则最大限度地减少了材料装运等附加能源的消耗。利用地方材料是传统民居建筑活化更新中最为常见的生态措施，许多地区的传统民居建筑的材料取向受气候和经济发展的制约，而更偏向于采用便于取材的地方性材料，如土、木、草、石、皮毛等。传统建筑材料的生态性不仅因为其取之于自然而低碳环保，更因为存在于特定地理环境的土壤和植物本身与环境的血缘关系，使得建筑的地域特征突出，在视觉上与环境相处和谐，从而形成特定的风貌格调。在当今时代，传统建筑材料的再生与利用已不再单纯地为了复原"宫阙"或"茅庐"，更应提取出传统材料中的文化积淀，佐以新技术，最终为文旅融合下的民居建筑活化更新提供基础。

传统民居文化是映照人类历史的一面镜子，人类历史发展的过程呈螺旋上升状，而每一次过弯都是对历史的回望，每一次向上都是对前路的展望。如今城市正在高速扩张，"久在樊笼里，复得返自然"的愿望已成为当下讨论的热点。因此，文旅融合下的民居建筑活化更新离不开对传统民居建筑的保护与延续，人们向往的不仅是"开轩面场圃，把酒话桑麻"的乡村生活，更是痛心于正在消失的传统民居建筑中所蕴含的民俗文化、营建智慧与审美意趣。传统民居建筑材料的创造性更新不仅是技术上的延续与更新，更应与社会发展状况、经济支持、文化制约等因素建立有效联系。只有切实将传统民居建筑材料的延续与更新，与文旅相融合，深入了解乡亲与返乡者对民居建筑的真实需求，直击民居建筑在活化更新中的最薄弱处，文旅融合下的民居建筑活化更新的道路才能走得明确而长远。

（三）民居建筑的装饰更新

任何装饰，所装饰的对象，都有其物质和精神的功用，如果脱离被装饰的物体，为装饰而装饰，装饰就失掉了它的意义。对建筑装饰而言，只是美化生活空间环境的一种手段，要做到：没有了它，就感到缺少而不够完美；有了它，却不觉其多余而增辉。这就要求细部与整体的有机结合，一切装饰要融合在整个的艺术形象之中。如庄子所云："忘足，覆之适也。"这种虽有若无的境界，应是建筑装饰的最高境界。

为了满足文旅融合的要求，对民居建筑装饰的延续与更新中，发掘民居建筑传统装饰文化与技艺，将其延续更新到改造的民居建筑中。晋中地区民居建筑装饰以精工细作著称，其中，砖雕、石雕和木雕制作工艺精湛，有着较高的艺术价值（图6-2）。加之与封闭外墙的对比，建筑装饰艺术形成了"外雄内秀"的总体特征。在更新改造中，应该将历史民居的装饰延续下去，与新建筑更好地融合。民居建筑装饰艺术蕴含着丰富的农耕文化内涵，建筑装饰的内容与形式，记录了工匠们在农耕社会下的精湛

图6-2 左：晋中地区民居木雕，右：晋中地区民居石雕

雕饰技艺与艺术，更体现了社会思想意识形态的发展与变化。因此，对传统民居建筑装饰要进行有效延续与更新，从而更好地推动民居建筑装饰艺术的传承与发展。在当今的文旅融合下，对民居建筑装饰的延续与更新，可以通过提取、抽象、加工转换等方法对民居建筑装饰元素进行创新再设计，使民居建筑装饰中的艺术与文化元素存活在现代设计的血液中。

（四）民居建筑的文化更新

为了满足文旅融合的要求，在民居建筑的文化更新中，在开发历史民居旅游市场时，要将其中的文化延续下去，与旅游业融合起来，使外地游客对目的地的感知度增强。因此，对民居建筑的更新，必须慎重分析文化和旅游功能与需求的关系，让历史建筑保留人类的文化记忆。

从民居建筑的构造特点中可以看出，人类的居住方式历来都是和自然及城市发展联系到一起的。民居建筑通过多民族融合的特征、城市的形成和商业的发展带来的多元文化影响民居的平面形式、空间组合和朝向的关系，并融汇于地方性生态环境中。历史街区、传统民居、传统村落都反映着地域性民居建筑的特征与兴衰，是多元文化兼收并蓄、融合发展的物化表现，成为代表旧时城市风貌格局的典型历史遗存，并表现出了当时社会的政治文化，反映了人们的观念认识和价值取向，表现出当地的文化传统和旧时社会习俗等诸多要素。加之室外空间、建筑装饰、雕刻技艺，每一处体现的都是地域性民居建筑的特征，在造型符号上极大地丰富了民间传统艺术形式。民居建筑的形制更反映了传统人文的智慧和生活的哲学，通过建筑空间的内在形式对居住使用者的行为产生了约束和规范，在潜移默化中维系着家庭观念和对传统文化的传承及宗教信仰，反映了当时居民社会文化生活的品位以及对美好生活的向往。

商业化的复制和形而上学的文化符号粘贴并不能有效地推进文旅融合，认知历史民居的价值，在新的时代背景下要将文化内涵与旅游发展融合，防止同质化、过度商业化、空心化等问题。基于文旅融合下的民居建筑的活化更新，仍需注意以下几个方面：

1. 将原有民居建筑的个人住宅、办公等功能置换成以商业为主导的酒店、餐厅、宾馆等餐饮住宿功能。为了让历史民居恢复其传统文化魅力，并且与旅游产业融合，需要对其功能进行科学的保护更新与延续。

2. 要考虑民居建筑旅游与自身历史文化背景的关联性，具体的使用功能应尽可能接近民居建筑传统的使用功能。在发掘地域特有的传统文化时，尽可能满足实际使用功能这一前提条件，通过民居建筑的更新延续地域文化特征，将文化与旅游相结合。

3. 保留适合现在的传统建筑材料，合理地使用现代建筑材料，要展现历史建筑的历史风貌，让民居建筑更好地发挥自身的价值。

4. 必须考虑其定位，不仅是简单的对民居建筑的修缮，而是要运用建筑美学理论进行分析和研究，使民居建筑活化更新更加科学合理。

三、民居建筑更新活化的实践

通过前文对文旅融合中的问题分析，对平遥云锦成、王家大院崇宁堡和王公馆更新前后的面貌做了详细的对比（表6-2）。

传统民居更新前后对比　　　　　　　　　　　　表6-2

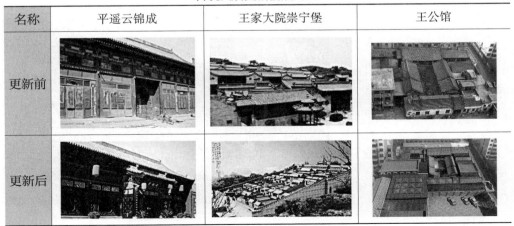

名称	平遥云锦成	王家大院崇宁堡	王公馆
更新前			
更新后			

（一）平遥云锦成

平遥古城作为世界文化遗产以其完整的明清城镇历史风貌著称。明清城墙、街巷布局、市井民居都是平遥古城不可或缺的组成部分。平遥云锦成建于清中晚期，位于世界文化遗产平遥古城，这里以票号、钱庄、镖局商帮著称，其由18个明清风格的历史民居院落组成，属于传统四合院、前店后院的民居建筑，是明清晋商的豪门老宅（图6-3）。

1. 功能

在功能上重新开发定位为特色民俗客栈（图6-4）。从民居到客栈，实际是一种功能的置换，在改造中拆除了原来的老宅云锦成中不符合原来纯粹的整体风格的建筑，保留了历史民居的文化本底，然后从酒店的功能、流线出发，划分建筑内部功能，将酒店功能和民居建筑形式结合起来。

古建筑改造没有固定的方法，实际上是什么样的建筑采用什么样的方法，必须对症下药，不能用一个模式去套用。云锦成改造以功能和形式结合，做一个酒店改造，不能大拆大改，要在原建筑的基础上做些改动，将适当的功能和形式结合起来，功能具备，形式兼有，与传统文化相吻合。古建筑的一些民居空间和酒店的功能是不一致的，可以根据现代人的要求作适当调整，以前是储物的，改造后是可以住人的，就需要作些调整。在增加现代功能时，力求让它们与原先的整体空间风格相统一，使其非常贴切地融入原先的建筑中去。通过功能的更新，大大提升了云锦成民居的文化价值和经济价值。

2. 建筑材料

平遥云锦成在更新中，建筑材料一部分延续了传统建筑材料，另一部分运用了新型

图6-3 云锦成平面图

图6-4 云锦成更新后的民居

建筑材料。在云锦成民居建筑更新中，由于青石要比灰砖坚硬、耐腐蚀、使用寿命长等，地砖上运用青石材料替代了历史民居灰砖地面。青石材料颜色选择深灰色，且青石特有的纹理跟当时的文化很好地结合起来，其颜色和纹理使整体色调与周围古色古香的建筑、家具形成了和谐统一的空间画面（图6-5）。

图6-5 云锦成青石地面

3. 装饰

云锦成民俗酒店是以晋中传统民居为主的设计风格，其中，有许多具有文物价值和艺术价值的构件、饰件，如室内空间的梁、木雕饰件、门罩等。在更新翻建时，应保护好这些具有文化价值和艺术价值的装饰构件，一些构件若已无法用在建筑上，也可以考虑作为一种装饰将其运用到室内空间中，使室内空间有古典意境的氛围。例如，在客栈的前厅引入了照壁（图6-6）。平遥云锦成的装饰中，在过道口运用了垂花门，将砖雕和垂花门融合在一起。酒店中的匾额、楹联基本是以平遥传统推光漆工艺和沥粉贴金为主的工艺制作而成。为了使形式与功能很好地结合，在吧台及吧台背景墙以斗栱和建筑彩绘为创作题材（图6-7），而中餐厅的吧台，其设计是将扣箱与几融合在一起（图6-8）。在建筑门窗装饰上，隔扇图案具有装饰性；窗棂极富韵律的图案与屋顶的韵律共同组成庭院的建筑立面。通过材料和色彩的结合，给空间造就质朴、清新之意韵。通过对云锦成民居建筑装饰的延续，使平遥传统民居建筑特色得以体现。

图6-6 云锦成照壁

图6-7 云锦成中餐厅吧台设计手稿

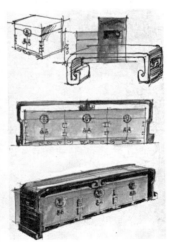

图6-8 云锦成吧台

4. 文化形式

中国艺术的最高境界是追求意境，云锦成的意境正是通过室内设计创作而营造的。设计作为一种文化的构思活动，体现在室内空间的方方面面，以斗栱为创作题材的吧台及其背景墙、有丝织帷幔的卡座餐台、象征财富的地面金鱼池、辟邪的石狮、砖雕影壁等，所到之处都在为"云锦成"的文化空间营造意境。平遥云锦成中垂花门上有精美的雕饰，题材有"岁寒三友""子孙万代""玉棠富贵"等，这些题材寄托着民居主人对美好生活的憧憬，类似这样的装饰体现在方方面面。历史建筑中的室内装饰，都有深厚的寓意，寄托百姓对美好生活的向往。

（二）王家大院崇宁堡

崇宁堡位于山西省灵石县城的静升镇王家大院，地处晋中市盆地边缘风景秀美的绵山脚下，是山西省晋商民俗中最重要的支点之一（图6-9）。崇宁堡又名西堡子，位于静升西北的高坡上，东边隔肥家沟与红门堡相邻，是静升八堡之中修建较早的一个，始建于清雍正三年（1725年），建成于雍正六年（1728年）。

1. 功能

在崇宁堡民居建筑更新中，将原有的院落改造成为生活体验区，其余功能区主要集中在新建区域内，将崇宁堡分为入口、过厅、主体楼、综合楼三部分。其中，将原有功能堡门入口处及城堡中心，在中轴线上设置了过厅一和过厅二两个接待厅，运用网格管理，更方便地接待由各个入口进入古堡以及堡内的客人，突出了空间序列，并由此组织了酒店的居住、餐饮、民俗、温泉和后勤等功能。

由于主体内部功能复杂，建筑受地形的限制较大。因此，在设计上充分利用地形的高差，注重功能的紧凑性、合理性。将具有温泉、洗浴、游泳的水区与会议、餐饮区进行合理的空间组织划分，使各区域都具有自己的独立性。位于轴线正门的接待大厅主要接待水区的客人，大厅同时也设有防火通道，与会议接待口相连。会议区分两部分，分别位于宴

过厅二

过厅一

图6-9　崇宁堡平面图

会和洗浴接待的二层。位于温泉接待二层的会议区，可从一层接待大厅进入，由二层的后门与综合楼衔接，方便两边的客人出入。综合楼由餐厅包间、洗浴配套及住宿房间组成。由于原有结构和布局与现需功能不能匹配，所以综合楼中段需拆除后重新设计，从而达到功能所需的接待及地下洗浴通道的需求。接待厅设计步梯和电梯两种竖向通道，贯穿三层，方便客人的使用。大厅的隐蔽处设有与办公生活区相连的唯一通道，也方便酒店人员的管理。餐厅包间由厨房经过独立的送菜通道传至各包房的备餐间，各层的两端也分别设有防火通道，通向建筑外部。

接待处使男女客人分流，经过更衣室由楼梯的通道可分别到达男女浴区和温泉区。温泉区内部楼梯贯穿地上地下三层，形成内部的功能互通，同时一部防火楼梯也贯穿温泉区，可直达室外。温泉洗浴的配套房位于后三层综合楼，由地下通道与温泉区相连，通过电梯客人可以在不经过室外的情况下到达洗浴配套房和客房，使两部分功能达到互通。当多功能会议厅在使用演艺功能时，客人还可以经过通道直接到达多功能厅观看表演，由于接待人数较多，设置有自己独立的接待入口，位于主体建筑的最东侧，方便人流的集散，并且配合两个防火通道直达室外。宴会区位于建筑主体东侧的一层，与北墙外水平距离36米的厨房位于同一水平位置。就餐时饭菜由地下通道直接送至宴会备餐间，使送餐通道隐蔽、独立，不与其他功能相冲突。通过功能的更新，使崇宁堡民居在保持传统功能的前提下，满足旅游市场的要求。

2. 建筑材料

王家大院崇宁堡酒店主体建筑，谨慎地使用了现代的建筑装饰材料，如钢筋、水泥、玻璃等。在钢材料中，主要运用了现浇钢筋混凝土框架和钢筋混凝土梁板（图6-10）。钢筋混凝土材料可以根据自己所需要的结构形式，浇注成各种结构形式和尺寸，并且造价很低，耐火、耐腐蚀。这种做法延长了民居建筑的使用寿命，为后期的维护、维修提供了便利。

3. 装饰

王家大院崇宁堡的建筑装饰是清代"纤细繁密"审美的写照。在斗栱、雀替、挂落、照壁、门罩等构件上多施以精美雕刻，形成了"三雕"（木雕、石雕和砖雕）艺术宝库，这些雕刻装饰题材多样，内容丰富（图6-11），蕴含着居民质朴的生活愿望和憧憬。将民居"三雕"装饰文化延续到现在的民居更新中，更好地促进文旅的融合。在室内中，运用了隔扇、平棋天花、六角官灯、翘头案、花格窗棂透光背景、青花瓷器摆设、扶手官帽椅等中式元素。这些民居装饰艺术，成为中华民族传统文化的重要组成部分。

图6-10　崇宁堡钢结构玻璃屋　　　　　图6-11　崇宁堡门窗雕刻装饰

4. 文化形式

　　王家大院崇宁堡历史民居改造与旅游开发设计是一个很艰巨的工作，因为不仅意味着要探究王家大院崇宁堡民居建筑的传统文化，而且要在其历史环境中注入新的生命，让这历经几百年风雨的建筑，在新的时代中焕发新的风采。在设计中要尊重民居建筑和传统文化，建筑是有生命的，民居建筑可以在新的文化形式下传承优秀的传统文化和民居建筑传统营造手法。从旅游的角度谈文化，要将民居建筑与地域传统文化更好地相互衬托，同时赋予其新时代的文化形式。

（三）王公馆

　　王公馆位于太原杏花岭区西华门街六号，是太原市老城的历史建筑，建于民国时代，是非文物保护的历史建筑。最初为阎锡山十三高干之一的李冠洋新建，后转手为王靖国住宅，中华人民共和国成立后划归国有单位使用，成为机关单位办公用房，其中正院、东院和西院由太原市百货公司使用（图6-12）。20世纪80年代以后，随着旧城改造在全国范围内的兴起，省城老城区传统民居被大片拆除，这座昔日占地5亩的大院，仅留下百货公司所占正院及东西两个跨院。一直没有进行保护更新，出现了地基下沉、墙面裂缝、屋顶塌陷等问题。

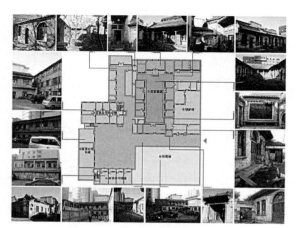

图6-12　王公馆平面图与旧貌

图6-13　王公馆更新后的民居院落1　　　　　图6-14　王公馆更新后的民居院落2

1. 功能

王公馆历史民居的更新通过功能置换，在设计思路上是将以商业为主导的餐饮住宿功能引入历史民居的功能中去（图6-13、图6-14），把住宿功能安排在原作为民居的历史建筑中，将其改为客房，这样保证了历史建筑的功能和空间布局上的整体性。在扩展空间中由3座20世纪80年代的旧楼整合改造而成，分为会馆大厅、观景茶座、景观长廊等区域。通过功能的置换，大大提升了王公馆民居的文化价值和经济价值。

2. 建筑材料

图6-15　王公馆青砖地面

在王公馆民居建筑的更新中，对材料的使用是十分细心的。针对原有旧建筑年久失修、设施老化和空间不合理的问题，进行新建、改扩建设计。在其民居院落的建筑墙面、部分室内装修以中式古典风格为主，用材主要为青砖（图6-15）。青砖是民居建筑中最常见的一种材料，沿用其材料可以更好地还原历史建筑在当时典雅质朴的风貌，保留它特有的文化内涵。

3. 装饰

太原王公馆设计中采用了民国时期建筑风格，高高的匾额，大红的灯笼，威严的石狮，舶来的铁艺大门都仿佛在演绎着历史（图6-16）。在景观方面从文化角度挖掘，设计了大量景观元素，有中庭的欧式门窗、景观长廊的砖雕石刻、大厅原创的龙纹风铃吊灯。景观长廊的门口沿用了抱鼓石（图6-17），其中檐廊运用了券式，形成了欧式新古典主义风格，烘托了民国风格的空间主题。在王公馆的庭院设计中运用了堆山叠石、庭园理水、花木配置、框景的造园手法（图6-18）。

图6-16　王公馆铁艺大门　　图6-17　王公馆抱鼓石　　　　图6-18　王公馆庭院设计

4．文化形式

　　太原王公馆历史民居建于民国时期。王公馆中的建筑文化无处不体现出民国时期中西文化的交融，在建筑装饰的细部将异域风格的装饰元素与传统风格融合，形成了一种独特的风格。充分尊重这种时代性的特色及它背后所蕴含的时代信息，通过这种文化形式的延续与更新，设计师将民居建筑的文脉保留下来，使文旅更好地融合。

本章在基于文旅融合的背景下，需要通过深度发掘当地地域文化，来解决民居建筑更新中同质化、过度商业化、空心化的问题，从民居建筑功能、建筑材料、装饰和文化方面进行延续与更新，共同促进、推动文化和旅游产业持续、健康地发展。

结语

全书共六章，有插图89张，表格31个。全书沿"现状—评价—数据库—策略"的技术路线进行研究。通过对民居建筑的研究进展与应用展望、遗产化历程、评价体系、数字化数据库建设、基于文旅融合的保护与更新策略、更新活化应用六个部分的研究，得出以下结论：

（一）对民居建筑的研究进展与应用进行展望，总结出我国民居建筑研究方面的成果与不足。我国民居建筑研究经过长期发展，近十年从民居建筑调研、测绘方向，到更新、改造、策略和利用价值的学术研究方向，取得了显著的成果。运用Citespace对文献的年际变化、合作关系、城市分析、主题和热点这四个方面进行了研究。得出我国民居建筑研究需要加强公共管理研究、深化研究方法创新，加强对民居建筑多学科、交叉理论与实践的研究，加强民居建筑的评价研究，加强对发展缓慢但具有丰富文化内涵的城市民居建筑进行保护、更新、利用研究。民居建筑是富有历史文化价值和民族文化价值的，真正要创造我国有民族文化特征和地方文化风貌的新建筑，民居建筑是十分宝贵的历史文化财富。

（二）民居建筑是各类型遗产建筑的重要组成部分。对民居建筑的遗产化历程分为三个阶段研究：早期阶段、中期阶段、多样化阶段。站在遗产保护视角思考民居建筑保护再利用问题，给人们在民居建筑的实践中带来历史的纵向的思考。

（三）对民居建筑进行评价的过程中，在对其现状调研的基础上进行进一步的价值评价和再利用绩效评价，构建评价体系：价值评价、适宜性评价、再利用绩效评价。价值评价通过对民居建筑的价值判断确认价值，结合不同地域已开发或未开发的评价案例和其保护与利用评价体系进行研究。适应性评价在确认价值的前提下发掘价值，对不同地域已开发或未开发的案例进行适应性评价，对民居建筑再利用和改造提供方法策略以支持其再利用方案的执行。再利用绩效评价是民居建筑价值确认和适应性评价工作完成后进行的再利用绩效评价。民居建筑更新活化的价值评价指标与再利用绩效评价指标为本书的创新点。

（四）建立山西民居建筑数据库平台，实现多平台、多维度大量数据的集中收集整理，是遗产建筑勘察测绘、学术研究、价值评估、保护规划、活化再利用和保护管理政策等多方面应用的基础。通过系统研究山西民居建筑信息，分析收集到的数据信息，包括遗产建筑的数据信息收集整理、评价体系、测绘图、卫星地图、三维实景地图技术、无人机航拍技术。通过对数据库各项文本、影像数据及三维模型数据的实现方式进行详细研究和整理，最终完成建立数据库平台。民居建筑数据库的建设为本书的另一个创新点。

（五）从文旅融合的背景视角出发，将民居建筑保护更新融入文旅产业之中，使其建立相互关系。通过对民居建筑文旅开发的研究总结，确定其保护更新机制、原则和策略，从文旅形象到总体策略布局。首先，阐明了民居建筑保护更新的问题与经验，总结了相对应的启示。其次，对大量历史文献资料的结合，对山西省内主要文物保护单位民居建筑进行调研，并根据调研情况，针对其保护、旅游开发利用等方面产生的问题，提出相应的保护更新的原则和策略，使文旅产业与民居建筑的保护更新更加紧密结合，为后续应用打下基础。在应用研究中，通过深度发掘当地地域文化，来解决民居建筑更新中同质化、过度商业化、空心化的问题，从民居建筑功能、建筑材料、装饰和文化方面进行延续与更新，共同促进推动文化和旅游产业持续、健康地发展。

本研究由于各方面的原因，对价值评价和再利用绩效评价作了详细分析，在适宜性评价方面研究不足，未做评价模型及实证研究。在数据库建设方面，所调研的山西民居建筑还不够全面，未来工作应该继续深入对民居建筑适宜性评价和数据库的建设。

民居建筑的研究工作是一个艰巨的任务，需要经历动态的过程，在城市化和文旅融合的转型下，不断得到政府和社会各界的关注与重视，使我国民居建筑被更好地保护传承下来。

参考文献

[1] 陆元鼎. 中国民居研究十年回顾[J]. 小城镇建设, 2000（08）: 63-66.

[2] 陆元鼎. 中国民居研究五十年[J]. 建筑学报, 2007（11）: 66-69.

[3] 刘永伟, 张阳生, 李奕. 近10年来国内乡村聚落研究进展综述[J]. 安徽农业科学, 2013, 41（05）: 2101-2103+2109.

[4] 熊梅. 我国传统民居的研究进展与学科取向[J]. 城市规划, 2017, 41（02）: 102-112.

[5] 刘敦桢. 中国住宅概说[M]. 北京: 建筑工程出版社, 1957.

[6] 姜妍. 历史街区民居生态化保护策略研究[J]. 现代城市研究, 2011, 26（01）: 28-38.

[7] 中华人民共和国住房和城乡建设部. 住房和城乡建设部等部门关于公布第四批列入中国传统村落名录的村落名单的通知[Z]. 2016-12-09.

[8] 中华人民共和国住房和城乡建设部. 住房和城乡建设部等部门关于公布第五批列入中国传统村落名录的村落名单的通知[Z]. 2019-06-06.

[9] 何依, 孙亮, 许广通. 基于历史文脉的传统村落保护研究——以宁波市走马塘村保护规划实施导则为例[J]. 小城镇建设, 2017（09）: 11-17.

[10] 何依, 龙婷婷, 程晓梅. 大夫第: 传统村落的家族空间单元研究——以宁波韩岭下郑家为例[J]. 新建筑, 2019（01）: 115-119.

[11] 吕轶楠, 林祖锐, 韩刘伟. 豫南地区传统村落空间格局与建筑特色分析——以毛铺村为例[J]. 中外建筑, 2019（06）: 170-173.

[12] 孙亮, 何依. 从规范到精准: 基于特色的名村保护研究——以宁波市为例[J]. 城市规划, 2019, 43（02）: 74-83.

[13] 张凝忆. 传统村落中非历史保护民居的改造探索——浙江平田农耕博物馆及手工作坊[J]. 小城镇建设, 2016（09）: 50-53.

[14] 魏茂. 四川泸州传统村落新民居传统风貌延续研究[D]. 成都: 西南交通大学, 2017.

[15] 中南大学中国村落文化智库, 光明日报智库研究与发布中心, 太和智库, 社会科学文献出版社. 中国传统村落蓝皮书: 中国传统村落调查报告[R]. 2017-12-10.

[16] 张小平, 闫凤英. 有限理性视角下城市遗产保护主体的行为机制——基于上海市三个案例的比较研究[J]. 城市规划, 2018, 42

（07）：102-107+116.

[17] 侯隽清. 中西建筑交融碰撞——以上海专业考察为例[J]. 艺术研究，
2019（03）：1-3.

[18] 慕云舒. 历史街区民居院落保护与利用的研究——以榆林古街四合院
为例[J]. 四川建筑科学研究，2014，40（03）：238-240.

[19] 陈思，刘松茯. 基于史实性的历史街区与建筑遗产保护措施探析——
以英国和意大利为例[J]. 城市建筑，2017（33）：22-27.

[20] 陈帆，黄唐芬. "学城型"历史文化街区空间特征分析——以厦门集
美学村石鼓路为例[J]. 中外建筑，2019（04）：97-100.

[21] 高琪. 基于城市发展的鼓浪屿龙头路历史文化街区空间演变[J]. 广东
园林，2018，40（06）：12-17.

[22] 胡长涓，宫聪. 基于"完整街区"理念的历史街区生态更新研究——
以美国四个历史街区为例[J]. 中国园林，2019，35（01）：62-67.

[23] 宋阳，贾艳飞. 汉口历史街区肌理原型解析与比较分析[J]. 华中建
筑，2017，35（12）：88-92.

[24] 李锦生. 政府主导与居民自助的传统民居修缮——真实性历史街区保
护的探索[J]. 公关世界，2016（13）：71-73.

[25] 阮仪三，孙萌. 我国历史街区保护与规划的若干问题研究[J]. 城市规
划，2001（10）：25-32.

[26] 麻冰冰. 城市修补理念下的历史文化街区保护策略研究——以登封古
城历史文化街区为例[J]. 建筑与文化，2019（06）：116-119.

[27] 朱永杰，韩光辉，吴承忠. 北京旧城历史街区保护现状与对策研究[J].
城市发展研究，2018，25（05）：1-6.

[28] 潘云涛. 历史文化街区保护的任务与对策——以广州近现代花园洋房
民居历史文化街区为例[J]. 规划师，2010，26（S2）：210-213.

[29] 黄瑛，徐建刚，张伟. 传统民居型历史地段保护更新中的博弈研究[J].
城市规划，2013，37（09）：46-50.

[30] 王鲁民. 要系统性地保护城市历史遗产[J]. 城市规划学刊，2018
（01）：4.

[31] 何依，牛海沣，邓巍. 外部机制影响下古村镇区域特色研究——以明
清时期晋东南地区为例[J]. 城市规划，2017，41（10）：76-85.

[32] 王璠. 中东铁路建筑群现状调研方法与策略研究——以中东铁路建筑
群（黑龙江段）总体保护规划为例[C]//中国城市规划学会，杭州市人
民政府. 共享与品质——2018中国城市规划年会论文集（09城市文化
遗产保护）. 中国城市规划学会，杭州市人民政府：中国城市规划学
会，2018：906-915.

[33] 李欣阳，李雪峰．上海近代居住建筑文化印记[J]．规划师，2017，33（S1）：106-110．

[34] 沈华．上海里弄民居[M]．北京：中国建筑工业出版社，2017．

[35] 何依，邓巍．从管理走向治理——论城市历史街区保护与更新的政府职能[J]．城市规划学刊，2014（06）：109-116．

[36] 史蒂文·蒂耶斯德尔，蒂姆·希思，塔内尔·厄奇．城市历史街区的复兴[M]．张玫英，董卫译．北京：中国建筑工业出版社．2006．

[37] 徐薇薇．基于SWOT分析的历史文化街区保护更新措施——以宁波伏跗室永寿街历史文化街区为例[J]．建筑与文化，2019（05）：113-115．

[38] 林诗羽，陈祖建，萧满红，卢旖旸，翁佳丽．基于GIS的历史风貌区建筑价值评价研究——以福州烟台山为例[J]．闽江学院学报，2019，40（05）：76-83．

[39] 张芳．地方认同感营造为导向的历史街区保护性更新策略——以苏州山塘街历史街区为例[J]．中国名城，2019（06）：80-87．

[40] 武联，沈丹．历史街区的有机更新与活力复兴研究——以青海同仁民主上街历史街区保护规划为例[J]．城市发展研究，2007（02）：110-114．

[41] 魏秦，纪文渊．基于空间句法的浙江永康芝英镇宗祠与街巷空间再利用策略研究[C]．第二十三届中国民居建筑学术年会论文集，2019．

[42] 赵丛钰．"人文触媒"视角下的历史街区更新策略研究——以北京市什刹海地区为例[J]．美与时代（城市版），2018（12）：43-47．

[43] 张寒，苑思楠．基于VR技术闽北漈头村街道形态认知研究[C]．第二十三届中国民居建筑学术年会论文集，2019．

[44] 熊忠阳，汪洋．基于DPSIR的历史街区可持续更新评价——以武汉市江岸区为例[J]．土木工程与管理学报，2017，34（06）：141-145+152．

[45] 翁佳丽，朱则熙，艾婧文，吴小刚．基于VEP技术的历史街区景观评价研究[J]．三明学院学报，2018，35（04）：94-100．

[46] 杨巨平．世界文化遗产的保护与管理[M]．北京：世界知识出版社，2005．

[47] 张杰，吕舟等．世界文化遗产保护与城镇经济发展[M]．上海：同济大学出版社，2013：14-20．

[48] 吕舟.《威尼斯宪章》与中国文物建筑保护[N]．中国文物报，2002-12-27．

[49] 张松．城市文化遗产保护国际宪章与国内法规选编[M]．上海：同

济大学出版社，2007：49-55.

[50] 李新建，朱光亚. 中国建筑遗产保护对策[J]. 考察与研究，2003（4）.

[51] 史晨暄. 世界遗产四十年：文化遗产"突出普遍价值"评价标准的演变[M]. 北京：科学出版社，2015：23-27.

[52] Cameron, C. The Strengths and Weaknesses of the World Heritage Convention. Nature and Resources[J]. 1992, 28, (3): 18-21.

[53] Ishwaran, Natarajan. International Conservation Diplomacy and World Heritage Convention[J]. Journal of International Wildlife Law & Policy, 2004, 7(1/2): 43-56.

[54] 邓爱民，王子超. 世界遗产旅游概论[M]. 北京：北京大学出版社，2015：130-155.

[55] 高祥冠. 太原近现代工业遗产的价值认知与保护研究[M]. 北京：知识产权出版社，2019：11-15.

[56] 佚名. 联合国教科文组织[EB/OL]. https://en.unesco.org/.

[57] 佚名. 世界遗产委员会[EB/OL]. https://whc.unesco.org/.

[58] 佚名. 国际古迹遗址理事会[EB/OL]. https://www.icomos.org/fr.

[59] 联合国教科文组织世界遗产中心，国际古迹遗址理事会，国际文物保护与修复研究中心，中国国家文物局. 国际文化遗产保护文件选编[M]. 北京：文物出版社，2007.

[60] 彭跃辉. 中国世界文化遗产保护管理研究[M]. 北京：文物出版社，2015：9-20.

[61] 贺斌. 历史文化街区的适应性保护策略研究[D]. 长沙：中南大学，2013.

[62] 赵巍. 城市规划中的文化遗产及历史建筑保护研究[D]. 长春：吉林大学，2014.

[63] 赵勇，唐渭荣，龙丽民，王兆芳. 我国历史文化名城名镇名村保护的回顾和展望[J]. 建筑学报，2012（06）：12-17.

[64] 蒋楠. 近现代建筑遗产适应性再利用后评价——以南京3个典型建筑遗产再利用项目为例[J]. 建筑学报，2017（08）：89-94.

[65] David L Ames, Linda Flint McClelland. Historic Residential Suburbs：Guidelines for Evaluation and Documentation for the National Register of Historic Places, National Register Bulletin Series[M]. Washington D. C: US Department of the Interior, Nation Park Service, 2002.

[66] Atkinson B. Urban ideals and the mechanism of renewal[C]. Sydney: Proceedings of RAIA conference, 1988.

[67] 张玲. 欧洲古建筑保护探析[J]. 他·山·之·石，2007（21）.

[68] 殷晓君. 传统建筑的保护和再利用——以龙南客家围屋为例[D]. 南昌：南昌大学，2008.

[69] 汝军红. 历史建筑保护导则与保护技术研究[D]. 天津：天津大学，2007.

[70] 牛欣欣. 古建筑的维护、修缮与开发利用[J]. 才智，2011.

[71] 王路生. 传统古村落的保护与利用研究[D]. 重庆：重庆大学，2012.

[72] 普鲁金. 21世纪的古建筑保护与修复[J]. 世界建筑，1999（33）.

[73] 张青. 古建筑保护的意义和措施[J]. 安徽建筑，2011（02）.

[74] 刘乃涛. 试论中国古建筑保护理论[J]. 文物春秋，2008（06）.

[75] 杨竹. 历史建筑保护与发展研究[D]. 石家庄：河北师范大学，2012.

[76] 陈薇. 我国建筑遗产保护理论和方法研究. [D]. 重庆：重庆大学，2008.

[77] 赵焕臣. 层次分析法——一种简易的新决策方法[M]. 北京：科学出版社，1986.

[78] 蒋楠，王建国. 近现代建筑遗产保护与再利用综合评价[M]. 南京：东南大学出版社，2016：181.

[79] 汪应洛. 系统工程[M]. 北京：机械工业出版社，2008：120.

[80] J Stanley Rabun, Richard Kelso. Building Evaluation for Adaptive Reuse and Preservation[M]. New Jersey: John Wiley & Sons, 2009.

[81] 王怀宇. 历史建筑的再生空间[M]. 太原：山西人民出版社，2011.

[82] 樊炎冰，张本慎. 中国平遥古城与山西大院[M]. 北京：中国建筑工业出版社，2016.

[83] 朱向东，王崇恩，王金平. 晋商民居[M]. 北京：中国建筑工业出版社，2009.

[84] 朱宏莉. 近二十年环洱海区域村落空心化研究[D]. 昆明：昆明理工大学，2012.

[85] Mathieson A, Wall G. Tourism, economic, physical and social impacts [M]. Longman, 1982.

[86] 马勇，童昀. 从区域到场域：文化和旅游关系的再认识[J]. 旅游学刊，2019，34（04）：7-9.

[87] 邓爱民，王子超. 世界遗产旅游概论[M]. 北京：北京大学出版社，2015.

[88] 陈云胜. 文化旅游视角下深圳大鹏所城历史建筑更新策略研究[D]. 哈尔滨：哈尔滨工业大学，2014.

[89] 杨梦彤. 北京老四合院改造中的色彩设计研究[J]. 艺术研究，2014（04）.

[90] 李杰. 再生视角下历史环境中的建筑设计研究[D]. 天津：河北工业大学，2014.

[91] 刘灿姣，杨刚，胡晓梅. 平遥古城现状及立法保护研究[J]. 民族论坛，2017（5）：98-103.

[92] 山西省人民政府. 山西省平遥古城保护条例[N]. 山西日报，2018-11-05（007）.

[93] 全国人民代表大会常务委员会. 中华人民共和国土地管理法[EB]. 北京：2004.

[94] 全国人民代表大会常务委员会. 中华人民共和国城乡规划法[EB]. 北京：2007.

[95] 李晓刚，旺姆. 闽南古民居的保护利用方式及管理机制研究[C]. 中国城市规划年会，2014.

[96] 汤超，曹海婴. 基于空间、结构、材料三要素的功能置换型传统民居改造策略[J]. 沈阳建筑大学学报（社会科学版），2018，20（03）：232-239.

[97] 周立军，李蝉韵. 东北传统民居营建材料当今演绎的探讨[J]. 城市建筑，2019，16（16）：12-16.

[98] 齐丰妍，汪洋. 农耕文化视野下的浙西传统民居建筑装饰艺术[J]. 鞍山师范学院学报，2020（02）：1-5.

[99] 林郁，刘国柱，纪晓海. 城市历史性建筑改造的保护思路——从大连的若干历史建筑保护与改造实例谈历史建筑保护[J]. 建筑设计管理，2004（06）：42-45.

[100] 邹洲. 昆明历史文化街区传统民居建筑形式与文化研究[J]. 艺术教育，2015（05）：116-117.

[101] 王怀宇. 历史建筑的再生——以山西王公馆、王家大院和云锦成的改造为例[J]. 艺术评论，2010（08）：99-103.

[102] 刘渊江. 晋南民居空间形式的特色分析及应用研究[D]. 沈阳：沈阳建筑大学，2016.

[103] 李计明，孟贵生. 山西静升王家大院建筑[J]. 美术观察，1997（10）：59-62.

致谢

　　吾生也有涯，而知也无涯。六年有余的课题研究，凝聚了课题组成员们的大量心血和汗水，且算稇载而归。课题研究过程中整体经历了三个阶段，从前期的立项、调研等准备阶段到方案设计、建立民居评价模式等具体工作阶段再到本书及论文等成果的撰写阶段，都离不开各方的配合和支持。

　　在课题研究中，进行了一系列民居保护和开发的实践，例如：平遥古城云锦成公馆、太原王公馆、灵石王家大院崇宁堡温泉度假酒店、太原广誉远国医馆、岢岚古城、明太原古城等，这些案例为本课题的理论研究提供了大量的实践支撑，感谢所有配合项目实施的投资方、承建方和运营方的领导和工作人员。

　　感谢山西大学美术学院、山西省地方志办公室、山西省档案馆、太原市规划和自然资源局等地相关单位的支持与协助。感谢山西悉地观和建筑设计有限公司、智捷装科、观象设计对评价案例提供的帮助，更加感谢观维科技对岢岚古城和其他案例数据库建设的支持。

　　本课题调研地域主要立足山西本省，辐射华东、华北及中西部地区。课题组在省内重点调研地主要包括忻州古城民居、大同古城民居、平遥古城民居、霍州历史街区民居、长治琚寨村民居、襄汾丁村遗址民居、砥洎城民居、郭裕古城民居等，并对沁水柳氏、介休张壁古堡、晋商大院（太谷曹家、祁县乔家、榆次常家、灵石王家）、代县阳明堡镇、雁门关等地民居进行走访调研。省外主要调研地有西安市的安家古宅、高家大院，陕北姜氏庄园、唐家大院和周家大院，郑州方顶村，北京丰富胡同、帽儿胡同、国子监街等，徐州窑湾水镇，宁波月湖历史文化街区等。在此诚挚感谢各调研目的地的领导和接待人员。

　　为论证课题研究成果的科学性，课题组参加国内外学术交流会议、论坛等学术活动并进行课题相关会议报告，如ICOMOS乡土建筑和土质建筑遗产科学委员会（CIAV & ISCEAH）年会、平遥文化遗产国际交流周、中欧乡土遗产论坛、中国建筑学会工业遗产学术研讨会、中国民居建筑学术年会、CCDI—RENEW会议等，并积极与同行专家交流论证课题成果。感谢各会议学术委员会的邀请。感谢上海阮仪三城市遗产保护基金会阮仪三先生。感谢UHC城乡遗产保护工作室邵甬教授。

感谢课题组成员乔蓉蓉博士对民居评价和数据库建设的指导及经验的分享。感谢课题组成员刘万川、白琦、杨雨桐、侯晓斌为调研和编撰的长期努力和付出。感谢韩晋徽、王宇璇、原秀娟和其他所有关心本课题研究的同学对本书出版所作的贡献。感谢山西大学美术学院城市设计教研室同仁对课题的关心与帮助。

希望通过本课题的研究，构建对民居评价的新模式，为民居建筑的保护和再利用项目提供现实指导。由于本书撰写时间有限，如有纰漏，敬请指正！